陆相致密凝灰岩储层特征及脱玻化成孔机制
——以三塘湖盆地条湖组为例

白　斌　戴朝成　董若婧
朱志军　向　龙　夏正霞　著

石油工业出版社

内 容 提 要

本书以三塘湖盆地条湖组为例，针对咸化湖盆特征探讨了致密油储层成因机制，评价了咸化湖盆优质储层有利区。从区域地质构造演化、烃源岩及成藏组合三个方面介绍了三塘湖盆地石油地质特征，以凝灰岩岩石学特征和地球化学特征两个方面的研究成果作为背景，讨论了凝灰岩储层特征与凝灰岩脱玻化成孔机制，明确了咸化湖盆致密油储层成因机制，最后结合凝灰岩脱玻化优势相带分布与凝灰岩孔隙平面分布对条湖组凝灰岩优质储层进行预测。

本书可供石油地质人员、油藏工程人员及相关院校师生参考阅读。

图书在版编目（CIP）数据

陆相致密凝灰岩储层特征及脱玻化成孔机制：以三塘湖盆地条湖组为例 / 白斌等著 . -- 北京：石油工业出版社，2024.3

ISBN 978-7-5183-6227-1

Ⅰ.①陆… Ⅱ.①白… Ⅲ.①湖盆－致密砂岩－砂岩油气藏－油气成因 Ⅳ.① P618.13

中国国家版本馆 CIP 数据核字（2023）第 161741 号

出版发行：石油工业出版社
（北京安定门外安华里 2 区 1 号　100011）
网　　址：www.petropub.com
编辑部：（010）64222411
图书营销中心：（010）64523633
经　　销：全国新华书店
印　　刷：北京九州迅驰传媒文化有限公司

2024 年 3 月第 1 版　2024 年 3 月第 1 次印刷
787×1092 毫米　开本：1/16　印张：7
字数：180 千字

定价：80.00 元
（如出现印装质量问题，我社图书营销中心负责调换）
版权所有，翻印必究

Preface 前 言

近年来，非常规油气勘探开发与地质研究力度不断加大，涌现出了一系列新成果与新技术，致密油、页岩油、页岩气和煤层气等各类非常规油气资源在中国能源结构中所占的比例越来越大。在非常规致密储层特征、形成演化机制、富油机理与评价方法等方面也取得了一定进展。目前，中国的非常规油气地质研究正处在一个快速发展的时期，自2013年三塘湖盆地芦1井凝灰岩段压裂后获得最高14.9m³/d的工业油流后，凝灰岩致密储层越来越受到国内油气勘探的重视。

凝灰岩作为一类新型的致密油气储层，在国际上也有大量发现。如印度尼西亚的Jatibarang油气田、格鲁吉亚的Samgori油田、日本Akita和Niigata盆地的油气藏，以及中国酒泉盆地青西凹陷、二连盆地、准噶尔盆地的乌尔禾油田以及三塘湖盆地条湖组等。凝灰岩储层中孔隙大小主要为纳米—微米级，由于凝灰岩的原始物质组成是火山灰玻璃质，微观孔隙主要由玻璃质脱玻化作用形成，孔隙形成机理有别于致密砂岩或致密碳酸盐岩。

火山玻璃脱玻化形成矿物时发生体积的缩小，从而形成微孔隙，火山玻璃脱玻化形成的铝硅酸盐等矿物在酸性流体的作用下发生溶蚀，又产生了溶蚀孔隙，脱玻化孔和溶蚀孔统称为脱玻化溶蚀孔。脱玻化进程受温度、压力、pH值、盐度和有机酸浓度等多种因素控制。本书通过凝灰岩水—岩反应模拟实验，在不同温度、压力和pH值条件下，测试样品实验前后矿物和孔隙变化，由此确定脱玻化成孔机制。

全书由前言及7部分内容组成，各部分具体分工如下：前言由白斌撰写；第一部分三塘湖盆地区域地质概况由董若婧撰写；第二部分条湖组凝灰岩分布规律与岩石学特征由戴朝成和朱志军撰写；第三部分凝灰岩地球化学特征由白斌和夏正霞撰写；第四部分凝灰岩储层特征由向龙和白斌撰写；第五部分凝灰岩水—岩反应模拟实验由白斌、戴朝成、夏正霞撰写；第六部分条湖组凝灰岩优质储层预测由白斌和向龙撰写；第七部分结论由白斌和戴朝成撰写。全书由白斌统稿并最终定稿。

本书主要取得以下四方面的成果和认识。

（1）凝灰岩水—岩反应模拟实验结果显示，凝灰岩在不同性质流体条件下均发生脱玻化作用，酸性条件下反应更为明显。不同类型凝灰岩脱玻化作用程度不同，其中，玻屑凝灰岩的脱玻化作用程度最强烈，晶屑玻屑凝灰岩次之，泥质凝灰岩和硅化凝灰岩脱玻化作用效果不明显。

（2）对比分析水—岩反应前后凝灰岩溶液的离子成分，结合其他综合数据得出：条湖组凝灰岩在流体作用下产生的脱玻化作用机理主要包括新矿物形成、交代作用和溶解作用。

（3）凝灰岩脱玻化作用受多重因素制约，主要控制因素为温度、凝灰岩物质组分、流体化学性质和 K^+ 等。凝灰岩水—岩反应结果显示：玻屑凝灰岩表现出在 140℃ 时的脱玻化作用程度最强，增孔效果最好，当温度超过 140℃ 后，孔隙度逐渐降低。孔隙度变化呈现出两个阶段，分别为升温增孔阶段和升温降孔阶段。

（4）在条湖组岩相、孔隙平面分布规律及脱玻化孔成孔机制综合分析的基础上，将马朗凹陷条湖组二段储层划分为Ⅰ类、Ⅱ类、Ⅲ类和Ⅳ类储层。Ⅰ类储层主要为玻屑凝灰岩与凝灰质砂岩。Ⅱ类储层岩性为晶屑玻屑凝灰岩。Ⅲ类储层岩性为火山碎屑沉积岩。Ⅳ类储层为火山熔岩。

本书的研究内容得到中国石油天然气股份有限公司勘探开发研究院"十四五"前瞻性基础性重大科技项目"致密油储层成因机制及定量表征技术"（2021-DJ2203）的资助，本书的编写得到了中国石油勘探开发研究院、吐哈油田等单位的支持，在本书的编写过程中，致密油储层成因机制及定量表征技术项目组成员也给予了大量支持和帮助，在此对上述单位和有关人员表示衷心感谢！

由于笔者水平有限，书中难免有疏漏和不妥之处，敬请各位读者批评指正。

Contents 目 录

1 三塘湖盆地区域地质概况 ⋯⋯⋯⋯⋯⋯⋯⋯⋯⋯⋯⋯⋯⋯⋯⋯⋯⋯⋯⋯⋯⋯⋯⋯⋯⋯⋯⋯ 1
  1.1 区域地质特征 ⋯⋯⋯⋯⋯⋯⋯⋯⋯⋯⋯⋯⋯⋯⋯⋯⋯⋯⋯⋯⋯⋯⋯⋯⋯⋯⋯⋯⋯⋯ 1
  1.2 烃源岩及成藏组合特征 ⋯⋯⋯⋯⋯⋯⋯⋯⋯⋯⋯⋯⋯⋯⋯⋯⋯⋯⋯⋯⋯⋯⋯⋯⋯ 6
2 条湖组凝灰岩分布规律与岩石学特征 ⋯⋯⋯⋯⋯⋯⋯⋯⋯⋯⋯⋯⋯⋯⋯⋯⋯⋯⋯⋯ 10
  2.1 条湖组凝灰岩岩性特征 ⋯⋯⋯⋯⋯⋯⋯⋯⋯⋯⋯⋯⋯⋯⋯⋯⋯⋯⋯⋯⋯⋯⋯⋯⋯ 10
  2.2 条湖组凝灰岩特征组分 ⋯⋯⋯⋯⋯⋯⋯⋯⋯⋯⋯⋯⋯⋯⋯⋯⋯⋯⋯⋯⋯⋯⋯⋯⋯ 21
  2.3 条湖组凝灰岩分布规律 ⋯⋯⋯⋯⋯⋯⋯⋯⋯⋯⋯⋯⋯⋯⋯⋯⋯⋯⋯⋯⋯⋯⋯⋯⋯ 23
  2.4 条湖组岩相类型与特征 ⋯⋯⋯⋯⋯⋯⋯⋯⋯⋯⋯⋯⋯⋯⋯⋯⋯⋯⋯⋯⋯⋯⋯⋯⋯ 28
3 凝灰岩地球化学特征 ⋯⋯⋯⋯⋯⋯⋯⋯⋯⋯⋯⋯⋯⋯⋯⋯⋯⋯⋯⋯⋯⋯⋯⋯⋯⋯⋯⋯ 36
  3.1 凝灰岩元素地球化学特征 ⋯⋯⋯⋯⋯⋯⋯⋯⋯⋯⋯⋯⋯⋯⋯⋯⋯⋯⋯⋯⋯⋯⋯⋯ 36
  3.2 古沉积环境特征 ⋯⋯⋯⋯⋯⋯⋯⋯⋯⋯⋯⋯⋯⋯⋯⋯⋯⋯⋯⋯⋯⋯⋯⋯⋯⋯⋯⋯ 39
4 凝灰岩储层特征 ⋯⋯⋯⋯⋯⋯⋯⋯⋯⋯⋯⋯⋯⋯⋯⋯⋯⋯⋯⋯⋯⋯⋯⋯⋯⋯⋯⋯⋯⋯ 44
  4.1 凝灰岩微观孔隙特征 ⋯⋯⋯⋯⋯⋯⋯⋯⋯⋯⋯⋯⋯⋯⋯⋯⋯⋯⋯⋯⋯⋯⋯⋯⋯⋯ 44
  4.2 凝灰岩致密储层物性特征 ⋯⋯⋯⋯⋯⋯⋯⋯⋯⋯⋯⋯⋯⋯⋯⋯⋯⋯⋯⋯⋯⋯⋯⋯ 50
  4.3 凝灰岩成岩与孔隙演化 ⋯⋯⋯⋯⋯⋯⋯⋯⋯⋯⋯⋯⋯⋯⋯⋯⋯⋯⋯⋯⋯⋯⋯⋯⋯ 56
5 凝灰岩水—岩反应模拟实验 ⋯⋯⋯⋯⋯⋯⋯⋯⋯⋯⋯⋯⋯⋯⋯⋯⋯⋯⋯⋯⋯⋯⋯⋯⋯ 66
  5.1 凝灰岩水—岩反应模拟实验方法 ⋯⋯⋯⋯⋯⋯⋯⋯⋯⋯⋯⋯⋯⋯⋯⋯⋯⋯⋯⋯⋯ 67
  5.2 凝灰岩水—岩反应模拟实验结果 ⋯⋯⋯⋯⋯⋯⋯⋯⋯⋯⋯⋯⋯⋯⋯⋯⋯⋯⋯⋯⋯ 70
  5.3 条湖组凝灰岩脱玻化成孔机制 ⋯⋯⋯⋯⋯⋯⋯⋯⋯⋯⋯⋯⋯⋯⋯⋯⋯⋯⋯⋯⋯⋯ 88
6 条湖组凝灰岩优质储层预测 ⋯⋯⋯⋯⋯⋯⋯⋯⋯⋯⋯⋯⋯⋯⋯⋯⋯⋯⋯⋯⋯⋯⋯⋯⋯ 94
  6.1 凝灰岩脱玻化优势相带分布 ⋯⋯⋯⋯⋯⋯⋯⋯⋯⋯⋯⋯⋯⋯⋯⋯⋯⋯⋯⋯⋯⋯⋯ 94
  6.2 凝灰岩孔隙平面分布规律 ⋯⋯⋯⋯⋯⋯⋯⋯⋯⋯⋯⋯⋯⋯⋯⋯⋯⋯⋯⋯⋯⋯⋯⋯ 96
  6.3 凝灰岩储层形成特征及优质储层预测 ⋯⋯⋯⋯⋯⋯⋯⋯⋯⋯⋯⋯⋯⋯⋯⋯⋯⋯⋯ 97
7 结论 ⋯⋯⋯⋯⋯⋯⋯⋯⋯⋯⋯⋯⋯⋯⋯⋯⋯⋯⋯⋯⋯⋯⋯⋯⋯⋯⋯⋯⋯⋯⋯⋯⋯⋯⋯ 101
参考文献 ⋯⋯⋯⋯⋯⋯⋯⋯⋯⋯⋯⋯⋯⋯⋯⋯⋯⋯⋯⋯⋯⋯⋯⋯⋯⋯⋯⋯⋯⋯⋯⋯⋯⋯ 103

1　三塘湖盆地区域地质概况

三塘湖盆地位于新疆维吾尔自治区哈密地区伊吾县和巴里坤哈萨克自治县境内，北距老爷庙口岸 90km，东南距伊吾县城 75km，有干线公路通达县城，到油区也有支线公路，交通较为便利。东北部与蒙古国接壤，西部与准噶尔盆地相邻，南部隔巴里坤盆地与吐哈盆地相望，是新疆维吾尔自治区重要的含油气盆地之一。地貌上，三塘湖盆地夹持于天山与阿尔泰山脉之间，是一个发育在早古生代碰撞造山带之上的陆内叠合盆地（Chen et al., 2019；Liang et al., 2019）。三塘湖盆地整体呈北西—南东向狭长带状分布，以第四系覆盖面积测算，东西长约为 500km，中部最宽为 70km，盆地面积约为 23000km²。地表为戈壁滩，地面海拔约为 600~800m，气候干旱，植被稀少，昼夜温差可达 20~40℃，属典型的大陆性气候。

三塘湖盆地是中国重要的陆相含油气盆地之一，盆地内多个层系发育多种类型油气藏（Liang, 2020），包括致密油、页岩油、页岩气和煤层气等非常规油气资源。

1.1　区域地质特征

前人通过区域地质综合分析，认为三塘湖盆地是发育于阿尔泰山系和天山之间的叠合、改造型山间盆地。三塘湖盆地经历了三叠纪基底形成和二叠纪以来盆地盖层沉积、形成、发育的两大重要阶段。

1.1.1　构造特征

1.1.1.1　构造单元的划分

三塘湖盆地位于新疆维吾尔自治区东北部阿尔泰褶皱带与北天山褶皱带交会处，西伯利亚板块南缘的混杂增生带上，是哈萨克斯坦板块、西伯利亚板块和塔里木三大板块会聚的接合部位。据前人区域地质研究成果，三塘湖盆地主体为弧后盆地，在石炭纪和二叠纪，三塘湖盆地火山活动频繁，其中早二叠世和晚二叠世火山活动尤其频繁，中间火山活动则处于休止期，因此，盆地内普遍发育火山岩地层。盆地总体上呈北西—南东向展布，与阿尔曼泰构造带、库普—姜巴斯套碰撞造山带及卡拉麦里碰撞造山带相间分布。复杂的构造背景决定了盆地形成时经历了多期构造变形与改造。尤其是经过晚海西运动、燕山运动和喜马拉雅运动的影响，不仅形成了北部隆起带、中央坳陷带和南部冲断带北西—南东向"两隆夹一坳"的宏观格局，并且在中央坳陷带内形成了 5 个凸起、6 个凹陷的二级构造单元，自西向东依次为乌通凹陷、库木苏凸起、汉水泉凹陷、苏海图凸起、条湖凹陷、北湖凸起、马朗凹陷、条山凸起、淖毛湖凹陷、苇北凸起和苏鲁克凹陷（图 1.1）。其中位于中央坳陷带中部的条湖凹陷和马朗凹陷是盆地内两个重要油气勘探区，自 20 世纪 90 年代以来，在这两个凹陷内先后发现多个油田和含油气构造，也是本书介绍的重点。

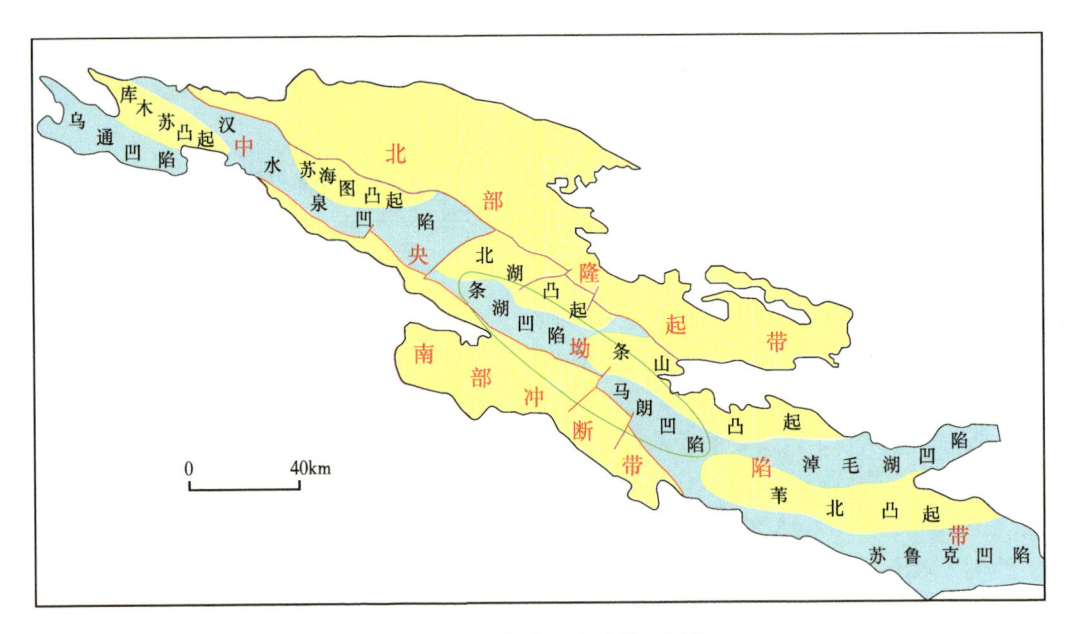

图 1.1　三塘湖盆地构造单元划分

1.1.1.2　构造演化特征

三塘湖盆地由于受海西期、印支期、燕山期和喜马拉雅期等多期构造运动的影响，现今呈南北分带、东西分块的构造格局，综合前人认识，三塘湖盆地构造演化可以划分为3个时期，分别是洋—陆演化期、后造山—板内伸展期和陆内演化期（图1.2）。

图 1.2　三塘湖盆地构造演化图

（1）震旦纪—早石炭世洋陆演化阶段。

卡拉麦里蛇绿岩所代表的洋盆，经肖序常等（1992）研究初步确定形成于早泥盆世。中泥盆世，准噶尔洋的卡拉麦里洋壳向北俯冲，在三塘湖地区形成了活动陆缘板块的沟—弧—盆体系。随着卡拉麦里洋壳俯冲消亡，准噶尔地块与阿尔泰地块沿卡拉麦里碰撞，形成了卡拉麦里弧后洋、北天山洋和额尔齐斯弧间洋，在新疆伊吾断裂和老爷庙断裂发现的蛇绿岩代表构造活动的存在。

（2）后造山—板内伸展阶段。

晚石炭世后造山—板内伸展阶段，哈萨克斯坦板块与西伯利亚板块发生碰撞挤压造山作用，准噶尔地块继续向北俯冲，造成西伯利亚板块活动大陆边缘地壳增厚，产生强烈挤压变形和岩浆侵入，造成准噶尔地块继续向北俯冲的动力源自北天山晚古生代洋盆的消亡。后造山—板内伸展阶段三塘湖盆地作为一个完整地块完全进入陆内演化，开始伸展断陷，并有大幅度沉降，从而形成了三塘湖盆地石炭系火山岩基底。

（3）陆内演化阶段。

从二叠纪开始，三塘湖盆地进入陆内演化阶段。早—中二叠世（中海西期）为区域伸展、陆内断陷和坳陷盆地形成阶段，以发育大量高角度正断层及同沉积断层为特征，陆内演化阶段三塘湖地区大部分已上升成陆地，仅在东南部距海较近，常发生海侵沉积，三塘湖盆地主体为滨浅—半深湖沉积环境。由于受到晚海西构造运动的影响，三塘湖盆地在晚二叠世—早三叠世发生重大变革，从早三叠世开始，盆地区域构造应力由拉张转变为挤压，盆地南北两侧向中央挤压逆冲，造成盆地区域隆升，从而导致部分地区缺失上二叠统下仓房沟群沉积且全区缺失下三叠统上仓房沟群沉积，并使二叠系产生以褶皱和逆冲断裂（前期正断层反转）为构造组合特征的变形改造。三塘湖盆地在三叠纪总体表现为一个"削高填低"的地质过程，具体表现为东部的构造高点处于剥蚀状态，西部的低处处于接受填平状态，为该时期盆地的沉降和沉积中心，同时盆地北缘的逆冲推覆持续抬升，致使盆地内部南高北低，控制了中央坳陷带内的沉积，南部主要发育扇三角洲、辫状河三角洲等粗碎屑沉积，北部则主要为浅水—半深水沉积。

印支期—早中燕山期的构造运动相对较弱，三塘湖盆地整体表现为缓慢的沉降，侏罗系是在三叠系准平原化的基础上沉积的一套河流沉积体系，从中侏罗世开始，盆地的沉降沉积中心向南、向东迁至马朗凹陷中部。

白垩纪初期，三塘湖盆地开始由北部持续的逆冲转换为盆地整体抬升，盆地呈现两边高、中间低，西部高、东部低的格局，盆地的沉降沉积中心已缩至盆地的中央部位，水域缩小，水体变浅，全盆地仅沉积了下白垩统吐谷鲁群。晚白垩世是盆地演化过程中的一个重要变革时期，由于受到晚燕山及喜马拉雅运动的影响，盆地南北两侧逆冲推覆开始强烈活动，盆地发生强烈隆升及构造变形，全区缺失晚白垩世沉积。

新生代，三塘湖盆地继承了燕山期的挤压构造作用，并且有北东向右行走滑作用，在中生代末期北东向隆起、坳陷相间构造格局的基础上，中央坳陷带内形成了北东向凹凸相间的次一级构造单元，马朗凹陷和条湖凹陷沉降速率及幅度相差不大，盆地内古近系以渐新世沉积为主，最大厚度可达上千米，主要表现为一系列巨厚山前粗碎屑沉积物。第四纪的沉积物为近山麓的洪积粗碎屑堆积。随着盆地南侧莫钦乌拉山体的快速隆起，三塘湖盆地也随之抬升，最终结束了盆地的沉积历史。

1.1.2 区域地层特征

三塘湖盆地残余地层主要分布在中央坳陷带，盆地沉积地层以古生界为基底，由下至上分别发育石炭系、二叠系、三叠系、侏罗系、白垩系、古近系、新近系和第四系，累计厚度可达6500m（表1.1）。石炭系和二叠系沉积期间，三塘湖盆地及周缘火山活动频繁（Chen et al., 2019; Liang et al., 2019）。石炭系卡拉岗组沉积期火山活动尤为强烈，形成了巨厚的玄武岩等火山岩；芦草沟组沉积期三塘湖盆地火山活动较弱，受周缘火山活动的影响，沉积了一套以火山灰和碳酸盐岩为主的细粒沉积物（Huang et al., 2012; Chen et al., 2019; Liang et al., 2019）。芦草沟组自下至上可划分为芦一段、芦二段和芦三段，其中芦二段为火山灰与碳酸盐岩频繁的薄互层沉积，厚度为150~300m，有机质丰度较高，既是良好的烃源岩，又是良好的储层；条湖组沉积期火山活动强烈，岩层由玄武岩、凝灰岩和凝灰质泥岩组成。

表1.1 三塘湖盆地地层划分

界	系	统	群	组	代号	厚度（m）	岩性简述
新生界	第四系				Q	40~60	黄色含砾黏土与砂砾岩
	古近系—新近系				E+N	35~161	棕红色泥岩与中—厚层砂砾岩不等厚互层
中生界	白垩系	下统	吐谷鲁群		K_1tg	736~1052	棕褐色泥岩、砂质泥岩夹灰色细—粉砂岩及深灰色砾岩
	侏罗系	上统	石树沟群	齐古组	J_3q	176~274	紫红色泥岩与灰绿色细砂岩、粉砂岩不等厚互层
		中统		头屯河组	J_2t	200~341	灰绿色凝灰质砾岩夹棕褐色凝灰质砾岩
				西山窑组	J_2x	115~246	上部为煤岩，中上部为灰色泥岩，中下部为砂岩，下部为泥岩
		下统	水西沟群	八道湾组—三工河组	J_1b—J_1s	30~200	灰色砂岩、粉砂岩夹深灰色薄层泥岩
	三叠系	中—上统	小泉沟群	克拉玛依组	T_2k	43~230	紫红色泥岩与粉砂岩、细砂岩呈不等厚互层
上古生界	二叠系	中统		条湖组	P_2t	0~722	上部为深灰色泥岩，中下部为灰色安山岩、玄武岩及灰绿色辉绿岩互层
				芦草沟组	P_1l	0~508	灰色白云岩、深灰色凝灰质泥岩、钙质泥岩互层
	石炭系	上统		卡拉岗组	C_2k	540~1027	棕褐色玄武岩、安山岩与灰色火山角砾岩互层
				哈尔加乌组	C_2h	400~654	上部为灰色、灰黑色泥岩与凝灰质砂岩互层，下部为灰色玄武岩与安山岩互层
				巴塔玛依内山组	C_2b	1000~2150	以灰色、灰绿色玄武岩和安山岩为主，夹薄层灰色砂岩、泥岩
		下统		姜巴斯套组	C_1j	600~1900	灰黑色泥岩与灰色、灰绿色粉砂岩、砂岩不等厚互层

1.1.2.1　石炭系

石炭系较发育，分布范围较广，最大厚度可达几千米，是全盆地分布最广、厚度最大且保存最为完整的一套地层，总体为海陆交互相的火山岩、火山碎屑岩沉积及陆相正常沉积岩。

（1）下石炭统姜巴斯套组。

中下部以海相碎屑岩沉积为主，上部以陆相砂岩、泥岩沉积为主。姜巴斯套组轻微变质，片状层理十分发育，区域厚度为600~1900m。与下伏东古鲁巴斯套组为不整合或假整合接触。

（2）上石炭统巴塔玛依内山组。

井下钻遇的巴塔玛依内山组岩性以一套灰色、灰黄色玄武岩和安山岩为主，夹火山碎屑岩和碎屑岩。巴塔玛依内山组厚度一般为1000~2150m，与下伏为不整合或断层接触关系。

（3）上石炭统哈尔加乌组。

哈尔加乌组为中基性火山岩夹碎屑岩沉积，自下而上可分为两个火山喷发亚旋回，每个火山喷发亚旋回均由下部火山岩段、上部湖泊—沼泽过渡岩类—沉积岩类夹火山岩类两段岩性构成，代表火山喷发由强至弱的断续喷发过程。哈尔加乌组与下伏巴塔玛依内山组为平行不整合或断层接触关系，厚度为400~654m。

（4）上石炭统卡拉岗组。

卡拉岗组岩性以棕褐色玄武岩、安山岩为主，与灰色火山角砾岩互层。卡拉岗组与下伏哈尔加乌组为平行不整合接触关系，区域厚度为540~1027m。

1.1.2.2　二叠系

（1）中二叠统芦草沟组。

由于三塘湖盆地东北部地层在印支运动时遭受强烈的剥蚀，现今残留的二叠系芦草沟组集中分布在盆地的西南部，其原始沉积范围比现在大。现今芦草沟组的厚度由西南向东北逐渐减薄，在条28井、条26井、马4井、马49井、马801井和塘参3井一线向北基本剥蚀尖灭，与下伏卡拉岗组呈不整合接触，最大厚度位于马朗凹陷，可达到800m以上。芦草沟组整体上为一套滨浅湖—半深湖相深灰色和灰黑色泥岩、沉积火山碎屑岩、粉砂质泥岩、钙质泥岩、白云质泥岩夹泥晶—粉晶白云岩、石灰岩，底部发育紫色泥岩、凝灰质粉砂岩、沉凝灰岩，局部发育颗粒碳酸盐岩与砂砾岩沉积，芦草沟组是盆地内已发现的重要烃源岩和致密油储层。芦草沟组从下到上又可进一步划分为芦一段、芦二段和芦三段3个岩性段。芦一段沉积期水体整体较浅，主要发育浅湖—半深湖相，芦二段沉积期水体变深，以半深湖—深湖相为主，有机质较丰富，保存条件也较好，是芦草沟组烃源岩最好的层段，芦三段沉积期，水体又变浅，以浅湖—半深湖相的泥岩沉积为主。

（2）中二叠统条湖组。

条湖组为一套火山岩（主要是玄武岩）夹碎屑岩沉积的地层。根据岩性和电性特征，自下而上又可进一步划分为条一段、条二段和条三段3个岩性段，分别是火山喷发期、静止期再到喷发期的火山活动过程的产物。条一段沉积期，火山作用比较强，在三塘湖盆地的大部分地区沉积了一套200~600m厚的玄武岩，局部地区有辉绿岩侵入。条二段主要为湖相深灰色和灰色泥岩、凝灰质泥岩、钙质泥岩、凝灰质砂岩及灰黑色碳质泥岩，其底部发育一层5~28m厚的中高自然伽马、中高电阻率、中高声波时差的中酸性凝灰岩，为条湖组主要致密油储层。条三段也是以喷溢相火山岩为主，但在马朗凹陷大部分地区遭受剥蚀。从条二段残余地层厚度图上可以看出，马朗凹陷条二段向东北方向减薄尖灭，存在3个残余厚度中心，沿南东—北西方向呈串珠状分布，东南部地层厚度大，最厚处达700余米，西北部厚度相对较小，最厚达400m左右。

1.1.2.3 三叠系

中—上三叠统小泉沟群为一套河流相到湖沼相的含煤正常碎屑岩沉积，下部为砂砾岩与泥岩互层，上部主要为湖相的泥岩与砂岩不等厚互层，夹碳质泥岩与薄煤层；主要分布于条湖凹陷，其中马朗凹陷地层厚度约为100m，条湖凹陷地层厚度一般在200m以上，汉水泉凹陷局部也有发育，其他凹陷几乎不发育。

1.1.2.4 侏罗系

侏罗系自下而上分为八道湾组、三工河组、西山窑组、头屯河组和齐古组。

（1）下侏罗统八道湾组和三工河组。

下侏罗统以八道湾组为主，仅在条湖凹陷有分布，而且厚度较小，钻井揭示厚度为80~120m，主要以滨湖—河流沼泽沉积为主，为灰白色和浅灰色含砾砂岩、砾状砂岩、细砂岩与深灰色泥岩不等厚互层，夹碳质泥岩和煤层，个别井（条1井和条10井）含大套砂砾岩。三工河组主要分布于条湖凹陷，厚度一般为40~50m，主要为一套浅湖相的深灰色泥岩、粉砂质泥岩夹灰色泥质粉砂岩、薄层粉砂岩。

（2）中侏罗统西山窑组和头屯河组。

西山窑组在整个三塘湖盆地分布范围较广，为一套滨浅湖—河流沼泽相的含煤正常碎屑岩建造。沉降中心位于坳陷北缘一带。西山窑组在条湖凹陷一般厚150m左右，在马朗凹陷一般厚200m左右。头屯河组分布范围略大于西山窑组，下部为一套河流相和扇三角洲相的粗碎屑岩沉积，上部为浅湖相和三角洲相的细碎屑岩沉积，其沉降中心位于坳陷北缘，在条湖凹陷一般厚250m，在马朗凹陷厚度约为450m。

（3）上侏罗统齐古组。

齐古组为一套河流相和三角洲相的红色粗碎屑岩沉积，在条湖凹陷一般厚500m，在马朗凹陷一般厚250m左右。

1.1.2.5 白垩系

白垩系在坳陷内广泛分布，主要为下白垩统吐谷鲁群，缺失上白垩统。以河流相红色粗碎屑岩建造为主，主要为杂色砂砾岩、泥岩等。

1.1.2.6 古近系—新近系和第四系

古近系—新近系和第四系角度不整合于下白垩统之上，为一套厚度不大的冲积扇相磨拉石建造。

1.2 烃源岩及成藏组合特征

1.2.1 烃源岩发育特征

三塘湖盆地自下而上主要发育石炭系、二叠系和三叠系3套烃源岩，分别构成下部石炭系成藏组合、中部二叠系成藏组合和上部三叠系—侏罗系成藏组合。

1.2.1.1 石炭系烃源岩

（1）下石炭统。

三塘湖盆地内下石炭统烃源岩在大黑山剖面广泛出露，岩性一般为凝灰质泥岩、暗色泥岩、碳质泥岩和煤层，烃源岩厚度一般大于100m，最厚可达1033m。推测在盆地内为海相沉积，岩性以泥岩、凝灰质泥岩和油页岩为主，厚度一般大于200m，是一套潜在的烃源岩。

（2）上石炭统。

上石炭统烃源岩主要发育于哈尔加乌组上部和中部，卡拉岗组在马朗凹陷马33井、马39井一线局部发育烃源岩，在个别探井中巴塔玛依内山组也见少量烃源岩。烃源岩岩性主要为暗色泥岩、碳质泥岩和凝灰质泥岩，见少量油页岩、煤、云质泥岩和石灰岩。烃源岩厚度较薄，最大单层厚度为18m，一般累计厚度小于450m。据地震资料推测三塘湖盆地东南部一带烃源岩相对较发育。其中马33井卡拉岗组烃源岩总有机碳含量平均为2.87%，马39井卡拉岗组烃源岩总有机碳含量平均为6.36%，有机质热演化程度适中，马33井R_o为0.74%，正处于生油阶段。哈尔加乌组烃源岩以碳质泥岩为主，暗色凝灰质泥岩次之，总有机碳含量整体较高，单井平均含量为4.6%~24.4%，总平均含量为8.37%，镜质组反射率一般为0.6%~0.95%，也处于生油阶段。

1.2.1.2 二叠系烃源岩

（1）中二叠统芦草沟组。

芦草沟组为三塘湖盆地的主要生油岩，主要由暗色泥岩及泥灰岩组成，分布于马朗凹陷、条湖凹陷和汉水泉凹陷中南部，厚度为300~400m，有效烃源岩面积为3080km^2。有机质类型为Ⅰ—Ⅱ$_1$型。暗色泥岩总有机碳含量为1.03%~5.84%，氯仿沥青"A"含量为0.0767%；泥灰岩总有机碳含量为4.58%，氯仿沥青"A"含量为0.5545%，镜质组反射率R_o为0.4%~1.3%，具备极高的生烃能力，生烃中心在三塘湖盆地中南部。

（2）中二叠统条湖组。

条湖组烃源岩在马朗凹陷与条湖凹陷均较发育，并以条二段为主，条一段为辅，有机质丰度较高，但有机质类型以Ⅲ型为主，成熟度为未熟至成熟。其中条湖凹陷的条21井烃源岩厚36m，总有机碳含量为14.98%；条24井烃源岩厚184.1m，总有机碳含量为10.52%。马朗凹陷的芦1井烃源岩厚304.4m，总有机碳含量达6.8；马7井烃源岩厚256m，总有机碳含量为2.8；马1井烃源岩厚105m，总有机碳含量为2.42；马56井烃源岩厚90.9m，总有机碳含量为2.94%。镜质组反射率马7井在0.5%~0.68%之间，马56井在0.64%~0.76%之间，马58井在0.67%~0.76%之间；条湖凹陷的条5井约为0.76%，条27井约为1.1%，条2井约为1.1%，条24井约为1.25%，预测向条湖凹陷南部埋藏较深处可达到成熟—高成熟。因此，条湖组也为一套潜在烃源岩。

1.2.1.3 三叠系烃源岩

三叠系烃源岩主要发育于中—上三叠统小泉沟群，岩性以暗色泥岩和碳质泥岩为主夹少量煤层。平面上主要分布于条湖凹陷和汉水泉凹陷，一般厚度在100~200m之间。马朗凹陷和淖毛湖凹陷仅有少量残余地层分布，烃源岩不发育。

1.2.2 成藏组合特征

三塘湖盆地马朗凹陷自下而上主要发育石炭系哈尔加乌组、二叠系芦草沟组、三叠系—中下侏罗统3套烃源岩，形成3套成藏组合，分别是下部石炭系成藏组合、中部二叠系成藏组合和上部三叠系—侏罗系成藏组合（图1.3）。

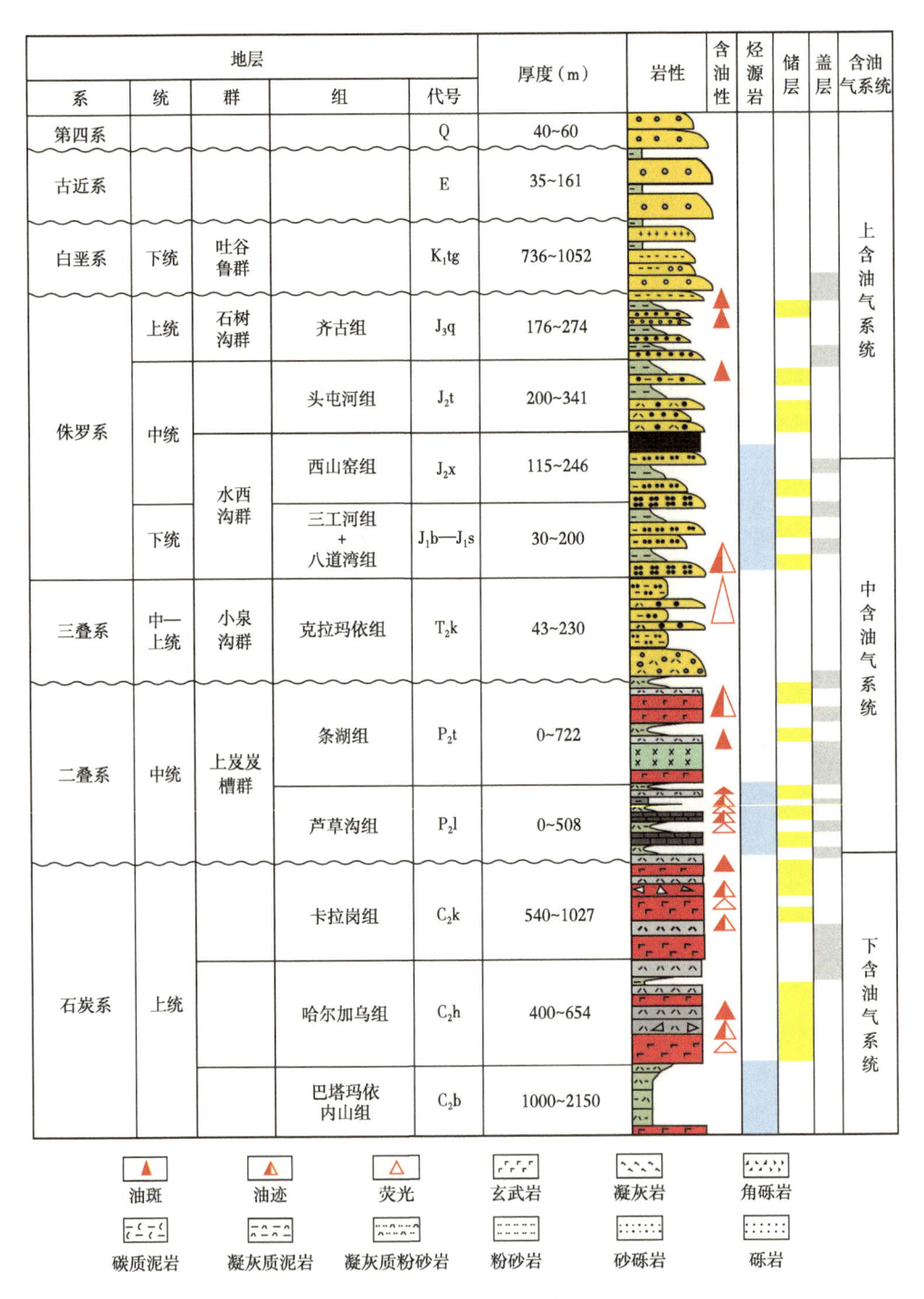

地层				代号	厚度(m)	岩性	含油性	烃源岩	储层	盖层	含油气系统
系	统	群	组								
第四系				Q	40~60						
古近系				E	35~161						
白垩系	下统	吐谷鲁群		K₁tg	736~1052						上含油气系统
侏罗系	上统	石树沟群	齐古组	J₃q	176~274						
	中统		头屯河组	J₂t	200~341						
		水西沟群	西山窑组	J₂x	115~246						
	下统		三工河组+八道湾组	J₁b—J₁s	30~200						中含油气系统
三叠系	中—上统	小泉沟群	克拉玛依组	T₂k	43~230						
二叠系	中统	上炭炭槽群	条湖组	P₂t	0~722						
			芦草沟组	P₂l	0~508						
石炭系	上统		卡拉岗组	C₂k	540~1027						下含油气系统
			哈尔加乌组	C₂h	400~654						
			巴塔玛依内山组	C₂b	1000~2150						

图例：油斑、油迹、荧光、玄武岩、凝灰岩、角砾岩、碳质泥岩、凝灰质泥岩、凝灰质粉砂岩、粉砂岩、砂砾岩、砾岩

图1.3 马朗凹陷成藏组合划分

1.2.2.1 石炭系成藏组合

石炭系成藏组合以石炭系哈尔加乌组湖相碳质泥岩、暗色泥岩为烃源岩，以石炭系哈尔加乌组和卡拉岗组火山岩为储层，以上覆火山碎屑岩为盖层。石炭系成藏组合也可以进一步划分为哈尔加乌组自生自储组合和卡拉岗组自生自储组合两个生储盖组合。哈尔加乌组本身烃源岩发育，发育中基性杏仁状熔岩和火山碎屑岩储层，在两个火山活动相对平静期发育过渡相沉凝灰岩储层，埋藏阶段烃源岩排出的有机酸溶蚀改造或构造缝作用可形成良好油气储层。卡拉岗组以陆上火山喷发为主，并以溢流相为辅，杏仁状熔岩发育；发育多期喷发间断面，内部风化壳储层发育；石炭纪末期的区域抬升和风化淋滤，以及二叠纪末期的区域风化淋滤作用形成马朗凹陷北部及中央鼻隆带的区域风化壳储层；下部哈尔加乌组烃源岩可沿断裂向上部运移油气，上覆二叠系芦草沟组烃源岩可沿卡拉岗组内部渗透层、断裂及风化壳侧向运移油气至中央鼻隆带及北部的风化壳形成多源供烃的风化壳油藏。

1.2.2.2 二叠系成藏组合

以二叠系芦草沟组湖相白云岩、石灰岩、泥岩及它们的过渡性岩石类型为烃源岩，以二叠系芦草沟组复杂岩性、二叠系条湖组火山岩和凝灰岩、侏罗系西山窑组碎屑砂岩为储层，以上覆泥岩为盖层形成的中部二叠系成藏组合。二叠系成藏组合也可以进一步划分为芦草沟组自生自储组合和条湖组自生自储或下生上储组合。芦草沟组本身为三塘湖盆地主力湖相泥质烃源岩，同时又是一套以白云质为主的碳酸盐岩致密储层，烃源岩与储层纹层状或薄互层状交互，甚至储层本身吸附较多有机质，源储一体，形成了特殊的致密油藏。条二段烃源岩发育，并主要分布于马朗凹陷中南部；条一段或条三段在中央鼻隆带或北部水上喷发区发育杏仁状玄武岩，同时此区域也是容易遭受风化淋滤改造的区域，尤其是二叠纪末期的区域抬升风化淋滤，形成马朗凹陷北部区域风化壳储层；条二段为湖泊沉积，发育过渡相碎屑岩，具有良好的储集潜力，尤其是条二段底部发育一套中酸性长英质中高孔特低渗沉凝灰岩特殊储层，形成了三塘湖盆地独特的致密油凝灰岩油藏。条湖组下部的芦草沟组主力烃源岩可向上沿断裂大量供烃，条湖组风化壳储层、致密油储层发育，可形成多类型油藏。

1.2.2.3 三叠系—侏罗系成藏组合

以三叠系—中下侏罗统煤系地层为烃源岩，以三叠系克拉玛依组、侏罗系八道湾组—齐古组碎屑砂岩为储层，以侏罗系上覆泥岩为盖层形成了上部三叠系—侏罗系成藏组合。

2 条湖组凝灰岩分布规律与岩石学特征

目前国内定义火山碎屑岩类为一种过渡类型的岩石,将它定位于火山熔岩与沉积岩两者之间。根据单屑和多屑的含量不同,分为玻屑凝灰岩、晶屑凝灰岩和岩屑凝灰岩等(表2.1)。熔浆等物质在火山爆发的过程中,由于压力非常高从而使气体发生爆炸、喷涌和喷出火山灰等现象,火山灰、火山岩屑和碎屑等经过沉降和沉积在研究区湖泊内形成了火山碎屑岩,主要包括凝灰岩、火山角砾岩等,具有火山角砾—凝灰结构。火山碎屑的粒度变化大,从碎屑粒径小于0.01mm的火山灰到碎屑粒径大于64mm的巨砾均有分布,碎屑颗粒大小通常是由与火山口相对距离决定的,距离较近的为火山角砾岩,距离相对较远的则为凝灰岩。

表 2.1 火山碎屑岩的分类

组分	单屑组分			多屑组分	
	玻屑	晶屑	岩屑		
含量	>50%	>50%	>50%	以一种火山碎屑为主,含量大于50%	3种火山碎屑,含量均大于20%
分类	玻屑凝灰岩	晶屑凝灰岩	岩屑凝灰岩	晶屑玻屑凝灰岩、玻屑岩屑凝灰岩等	多屑凝灰岩

前人研究认为三塘湖盆地及周边在中二叠统条湖组沉积期普遍发育火山活动,火山物质喷出后,沉积下来所形成的岩石,根据火山碎屑含量的不同可以划分为火山碎屑岩、沉火山碎屑岩及火山碎屑沉积岩。目前,条湖组是三塘湖盆地马朗凹陷主要勘探目的层位之一,在三塘湖盆地马朗凹陷内,钻遇二叠系条湖组的探井已达100余口。

根据岩石形成作用,利用岩心、测井资料,依据岩心观察、薄片鉴定、扫描电镜与能谱、电子探针、全岩 X-射线衍射分析,结合测井电性特征,将研究区岩性分为三大岩石类型:(1)浅成侵入岩—火山熔岩类,包括玄武岩、英安岩、粗玄岩和流纹岩;(2)火山碎屑岩类,包括火山角砾岩和凝灰岩;(3)混积岩类,包括凝灰质泥岩、凝灰质砂岩、沉凝灰岩和灰质泥岩等。本书主要围绕火山碎屑岩类展开研究。

2.1 条湖组凝灰岩岩性特征

三塘湖盆地二叠系条湖组为一套火山岩(主要是玄武岩)夹碎屑岩沉积的地层(图2.1)。

根据岩性特征自下而上又可进一步分为条一段、条二段和条三段3个岩性段。

条一段位于条湖组最底部，条一段沉积期，火山活动比较频繁，在三塘湖盆地的大部分地区发育火山岩地层，分布范围广，地层稳定，一般厚度为200~600m。主要发育岩性为玄武岩和少量凝灰岩，局部地区有辉绿岩侵入，局部区域见湖相泥岩。条一段为二叠系条湖组的主要含油层系和勘探目的层。

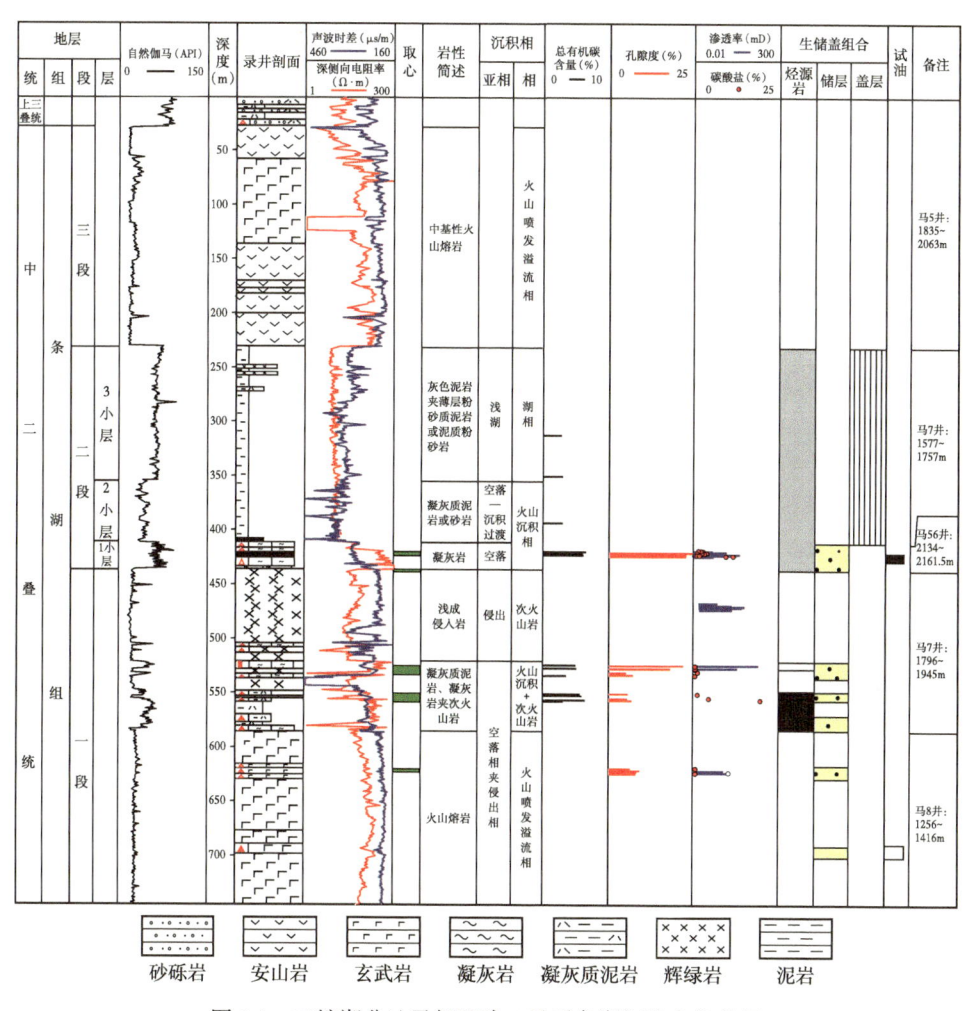

图2.1 三塘湖盆地马朗凹陷二叠系条湖组综合柱状图

条二段位于条湖组中部，地层厚度一般为50~400m，条二段沉积期，火山作用有所减弱，仅在条二段初始沉积期，火山活动比较频繁，底部沉积了一套数十米厚的浅湖—半深湖相凝灰岩，该套凝灰岩是目前三塘湖盆地二叠系新发现的重要致密油储层，向上逐渐过渡为一套较稳定的凝灰质泥岩和凝灰质细—粉砂岩沉积；其中，凝灰岩的含油性最好，凝灰质粉砂岩有油气显示，凝灰质泥岩不含油。依据岩性组合特征，条二段自下而上依次划分为3个小层，分别对应空落水下沉积的凝灰岩、火山碎屑沉积岩、湖相沉积岩。其中底部的1小层纯凝灰岩段为目的层段，以漂移空降水下沉积的细粒火山凝灰岩为特征，并具中低自然伽马、中高电阻率、中低密度和中声波时差的电性特征，但各地区随离喷发源的

11

距离、陆源水动力输入强度和凝灰质成分所占比例的不同，电性、含油性均有所变化，有陆源水流注入或水动力较强的马朗凹陷北部斜坡边缘地区以凝灰质砂岩为主，马朗凹陷北部斜坡区的浅湖水动力较弱地区以漂移空落火山尘凝灰岩为主，马朗凹陷南部陡坡区以凝灰质砂砾岩为主。条二段中部的2小层为水动力搬运沉积岩、火山碎屑沉积岩，为过渡带，从测井曲线来看，整段为自然伽马呈中值、电阻率呈中低值、声波时差呈中值、密度呈中高值的电性特征；上部的3小层为湖相，岩性以泥岩和凝灰质泥岩为主，电性特征显示为相对高自然伽马、低电阻率和中高声波时差（图2.1）。

条三段位于条湖组顶部，条三段沉积期火山活动也较活跃，主要发育火山熔岩和火山碎屑岩，中间夹有少量过渡相或湖相沉积岩，此喷发期后经历了构造抬升与剥蚀期，条三段往东北方向逐渐剥蚀，致使马朗凹陷大部分地区遭受剥蚀。

2.1.1 凝灰岩

马朗凹陷条湖组凝灰岩主要指分布在条一段玄武岩之上的条二段，属于火山喷发旋回末期的产物。据岩心及镜下薄片观察发现，岩石主要由火山喷发物质组成，具凝灰质结构，粒径在0.1mm以下，属于粉粒级、微米级。火山碎屑根据结晶程度可分为岩屑、晶屑和玻屑。条二段凝灰岩段非均质性很强，含油性也具有明显差异，根据凝灰岩岩石结构和主要矿物组成差异进一步细分为玻屑凝灰岩、晶屑玻屑凝灰岩、晶屑凝灰岩、泥质凝灰岩、硅化凝灰岩和硅藻凝灰岩。

2.1.1.1 玻屑凝灰岩

玻屑凝灰岩原始火山灰以玻屑成分为主，玻屑含量占火山碎屑总量的50%以上，粒度小，分布均匀，显微镜下岩石具玻屑凝灰结构，火山碎屑物由晶屑和玻屑组成，碎屑总量占96%以上，碎屑以玻屑为主，玻屑半定向排列，塑性玻屑呈斑块状分布，整体玻屑呈条状变形弯曲发育。正交偏光镜下全消光，常见脱玻化现象、重结晶为霏细状长英质，界线模糊不清或消失，玻屑硅质含量高，脱玻化后常形成隐晶质硅质或石英、长石微小晶粒，形成大量溶蚀孔隙，呈斑块状分布（图2.2）。现今发生强烈脱玻化作用，可能含有少量较细粒的晶屑，晶屑成分主要为石英和长石，晶屑的粒径在0.01~0.04mm之间，石英晶屑边部因溶蚀而呈港湾状及次圆状，并且部分因受外力作用而破碎。长石晶屑黏土化强烈，隐约可见他形板状晶体。局部可见微量黑云母晶屑，基本已蚀变完全，多转变为不透明金属矿物，局部只保留黑云母的片状外形。晶屑和玻屑多为混杂堆积，由风力搬运直接沉降湖盆而形成。阴极发光技术能够揭示石矿物的形成温度，例如，阴极发光条件下高温石英（>573℃）呈蓝紫色，中高温石英（300~573℃）呈褐红色，低温石英（<300℃）不发光。阴极发光条件下，条湖组玻屑凝灰岩中的石英颗粒大多不发光，说明它们大多是低温条件下形成的，是火山玻璃质脱玻化作用的产物。玻屑凝灰岩储层质量最好，矿物组成以石英和长石为主，黏土矿物含量很低（一般小于10%），脱玻化形成的石英和长石颗粒之间的孔隙（称为脱玻化孔）构成了玻屑凝灰岩最主要的孔隙类型。其中，黏土矿物为非陆源物质，主要是火山灰玻璃质脱玻化过程中形成的，黏土矿物种类主要是叶片状绿泥石，呈分散状分布在其他石英和长石颗粒之间。玻屑凝灰岩脱玻化孔是主要孔隙类型，凝灰岩储层整体具有高孔低渗的特点，凝灰岩火山玻璃质的脱玻化作用是导致凝灰岩储层高孔低渗的主要因素。脱玻化形成的粒间孔体积小但数量巨大，造成了凝灰岩总孔隙度较

高，孔隙喉道半径极小又导致渗透率很低。玻屑凝灰岩孔隙度一般分布在 5.23%~23.79% 之间，渗透率一般分布在 0.087~3.618mD 之间，孔喉半径一般大于 0.05μm。玻屑凝灰岩主要分布在凝灰岩段中部，具有孔隙度高、数量多、分选好、偏粗歪度、喉道细小且分布均匀的特点，为研究区优质储层。

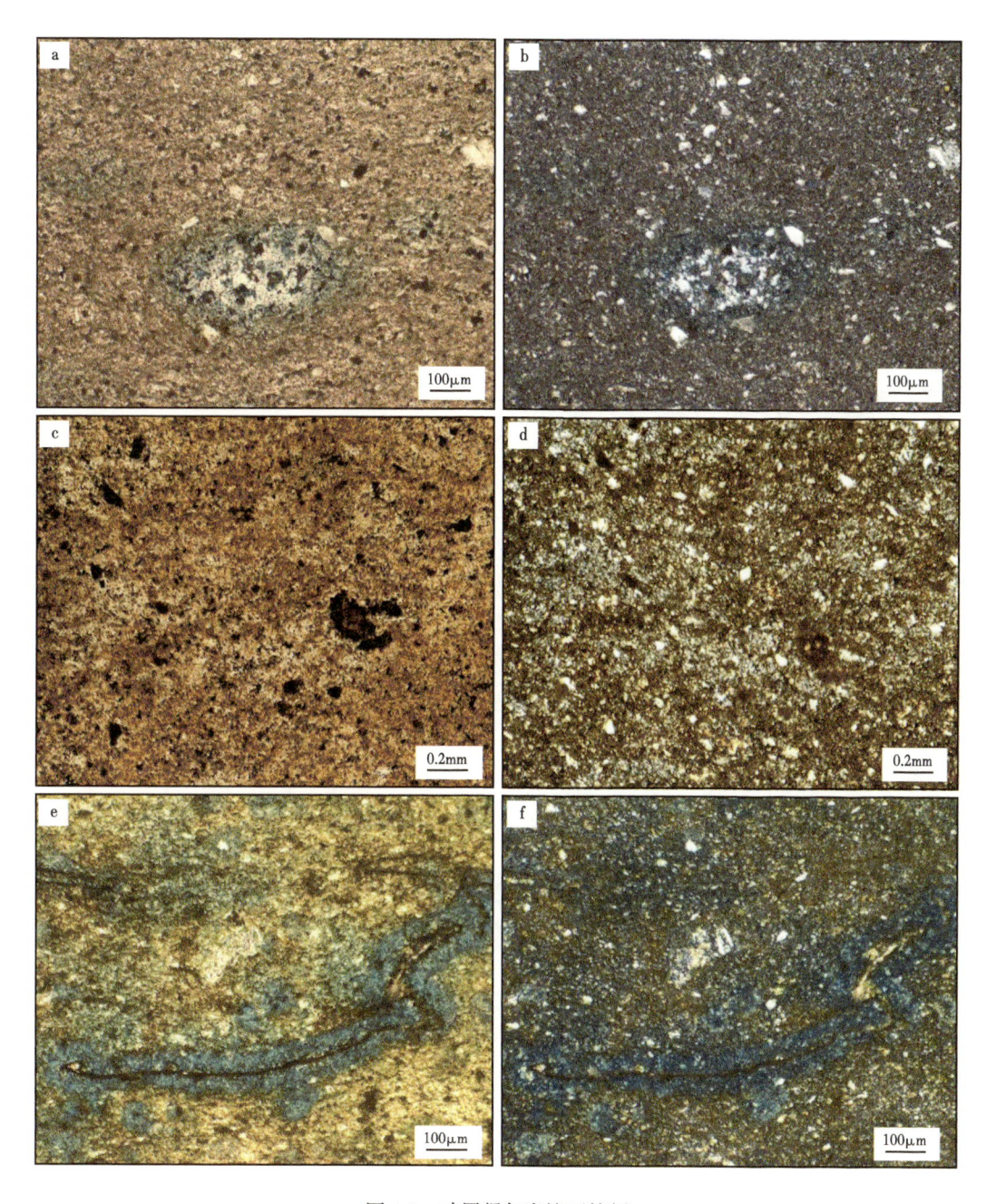

图 2.2 玻屑凝灰岩镜下特征

a. 马 56-15H 井，2251.08m，单偏光；b. 马 56-15H 井，2251.08m，正交偏光；c. 马 56-12H 井，2119.72m，单偏光；d. 马 56-12H 井，2119.72m，正交偏光；e. 马 56 井，2143.7m，蓝色铸体单偏光；f. 马 56 井，2143.7m，蓝色铸体正交偏光

通过全岩 X-射线衍射分析，条湖组凝灰岩主要矿物组分为石英、斜长石，少量方解石与白云石，含极少量黏土矿物。扫描电镜及能谱分析晶屑主要是石英和斜长石。说明凝灰质成分或碎屑稳定，没有经过明显风化蚀变作用，由此推测也可能没有经过一定的水动力搬运作用；其他自生矿物为少量的泥粉晶碳酸盐、黄铁矿，偶见浊沸石。

2.1.1.2 晶屑玻屑凝灰岩

晶屑玻屑凝灰岩原始火山灰仍以玻屑成分为主，玻屑含量大于50%，但晶屑含量明显增加（约10%），且晶屑颗粒粒径较大。显微镜下岩石具晶屑玻屑凝灰结构，岩石主要由晶屑和玻屑组成。晶屑主要由石英及钠长石组成，其中石英呈他形粒状，粒径介于0.02~0.04mm，部分为微晶石英经重结晶作用转变而来。斜长石呈他形粒状，粒径介于0.02~0.05mm，发育明显聚片双晶。玻屑主要成分为长英质，无规则形态，边缘比较毛糙，没有晶屑那样比较规则的晶型。普通镜下原颗粒形态难以识别，脱玻化后常形成石英、钠（钾）长石隐晶或微晶；正交偏光镜下常呈麻点状灰色、灰白色干涉色。玻屑基本已脱玻化完全，均向微晶石英过渡完全，整体呈隐晶质结构，脱玻化完全的微晶石英内吸附少量铁质组分，同时产生大量孔隙（图2.3）。单偏光镜下呈无色透明状，泥质或有机质发育时呈灰色、灰黑色，正交偏光镜下呈麻点状灰白色干涉色，颗粒排列无定向性，加石膏板呈粉红色、蓝色和浅黄色无规律排列。通常能识别的碎屑组分主要为玻屑和晶屑，玻屑常脱玻化形成微粒石英和长石，晶屑以钠长石晶屑为主，其次是钾长石晶屑。对晶屑玻屑凝灰岩中石英颗粒进行阴极发光分析，结果显示既有发蓝紫色光的石英，也有不发光的石英，说明这些石英既有原始晶屑中的高温石英，也有脱玻化作用形成的低温石英。晶屑玻屑凝灰岩储层质量较好，但黏土矿物含量较玻屑凝灰岩高，黏土矿物会充填、分割孔隙，使孔隙结构复杂化，导致孔隙度下降，喉道变细。脱玻化孔仍然是主要的孔隙类型，晶屑玻屑凝灰岩孔隙度一般分布在5.1%~19.6%之间，渗透率一般小于0.7mD，孔喉半径一般小于0.05μm。晶屑玻屑凝灰岩孔隙度较高、分选中等、偏细歪度，储层性能仅次于玻屑凝灰岩。

2.1.1.3 晶屑凝灰岩

晶屑凝灰岩在镜下可见晶屑凝灰结构，晶屑含量占火山碎屑总量的50%以上（图2.4），纵向上一般分布在凝灰岩段中部，以夹层形式分布于玻屑凝灰岩之间。常见少量玻屑和岩屑。晶屑成分以石英和钠长石为主，其次是斜长石，以钾长石微晶与伊/蒙混层黏土矿物含量较高为特征。

2.1.1.4 泥质凝灰岩

泥质凝灰岩的原始火山灰虽然以玻屑成分为主，玻屑含量大于50%，含少量细粒晶屑，但陆源泥质含量相对较高，达到20%以上，岩石致密。显微镜下岩石具泥质凝灰质结构，岩石主要由深黑色隐晶质黏土矿物和火山碎屑物质组成（图2.5），火山碎屑物质主要为棱角状—次棱角状长石、石英晶屑。石英晶屑可见尖棱角状与港湾状，粒径为0.01~0.03mm，粒径较大者可达0.04mm。局部见火山玻璃脱玻化形成隐晶质玉髓团块。长石多数后期黏土化、绢云母化十分严重而无法区分长石种类，仅见其假象。基质主要为火山与黏土矿物胶结。泥质凝灰岩主要是由于距离火山口较远或火山喷发强度较弱，火山灰供给不足，较多泥质碎屑混入所形成的。泥质凝灰岩储层质量较差，黏土矿物含量较高，一般大于15%，脱玻化孔较少，孔隙度一般小于10%，渗透率一般小于0.01mD。泥质凝灰岩孔隙度低、颗粒较细、分选较好、偏细歪度，基本不具储集能力。

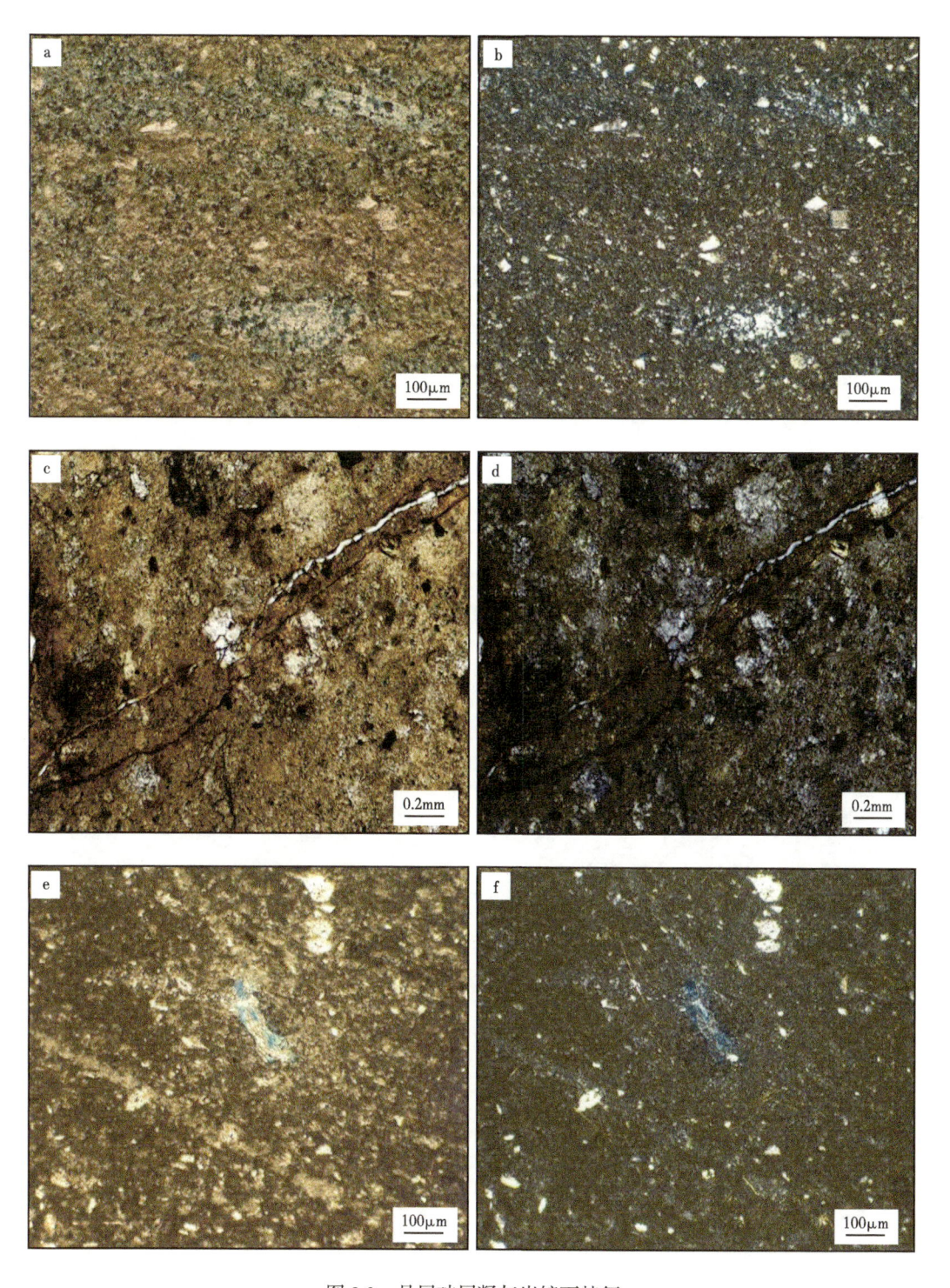

图 2.3 晶屑玻屑凝灰岩镜下特征

a. 马 56-15H 井，2259.33m，单偏光；b. 马 56-15H 井，2259.33m，正交偏光；c. 马 7 井，1486.74m，单偏光；d. 马 7 井，1486.74m，正交偏光；e. 马 56-12H 井，2117.64m，蓝色铸体单偏光；f. 马 56-12H 井，2117.64m，蓝色铸体正交偏光

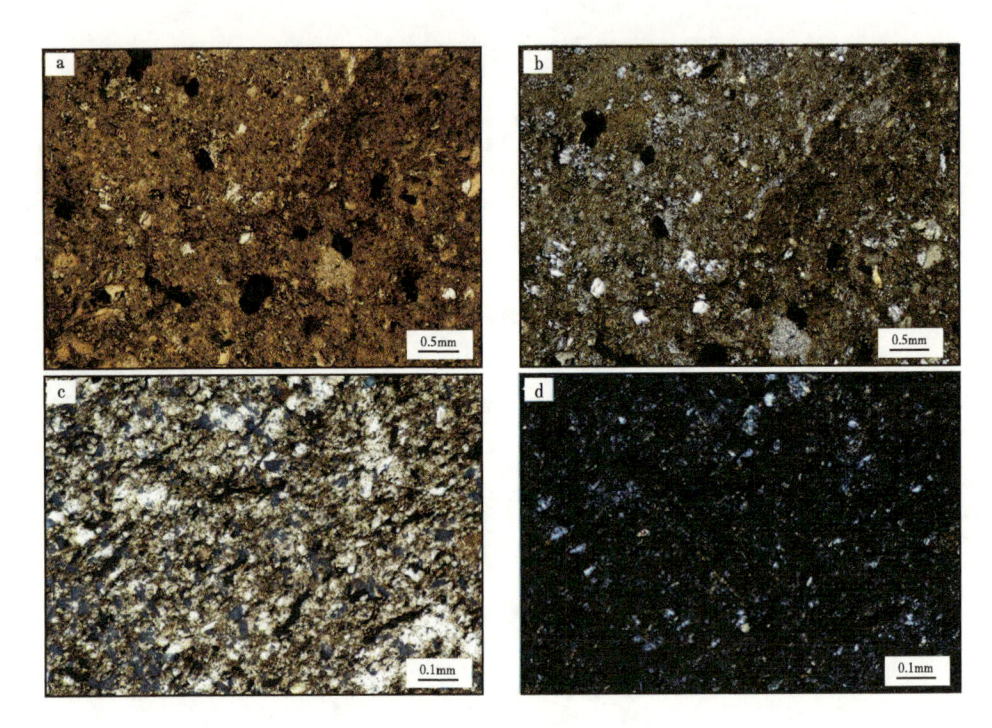

图 2.4　晶屑凝灰岩镜下特征

a. 马 7 井，1486.74m，单偏光；b. 马 7 井，1486.74m，正交偏光；
c. 马 55 井，2478.10m，单偏光；d. 马 55 井，2478.10m，正交偏光

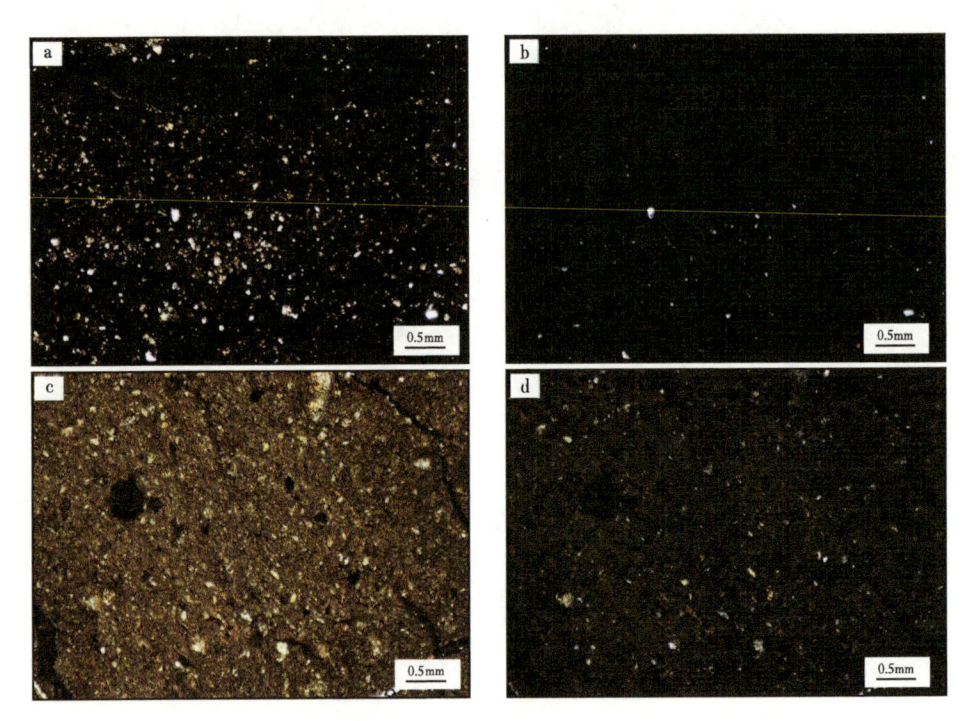

图 2.5　泥质凝灰岩镜下特征

a. 马 55 井，2478.8m，单偏光；b. 马 55 井，2478.8m，正交偏光；
c. 马 702 井，1539.01m，单偏光；d. 马 702 井，1539.01m，正交偏光

2.1.1.5 硅化凝灰岩

硅化凝灰岩也是以玻屑成分为主，含一定量晶屑，但最大的特点就是具有明显的硅化现象，即凝灰岩中有连片的非晶态 SiO_2（图 2.6），显微镜下岩石具泥质结构、块状构造，主要由隐晶质黏土矿物组成。局部黏土物质向绢云母及雏晶黑云母过渡。黏土矿物呈隐晶质分布，部分含铁质组分，呈黑褐色。单偏光镜下和正交偏光镜下均是全黑，不透光。硅化凝灰岩致密坚硬，测井曲线表现为电阻率非常高，一般均大于 $300\Omega \cdot m$。硅化凝灰岩的原始物质成分是玻屑，由于处于火山岩与凝灰岩的过渡带，底部玄武岩致密，凝灰岩脱玻化过程中流体向下交换受阻，流体中的 Si 离子形成 SiO_2 沉淀，原始脱玻化孔多被硅质胶结，从而形成以非晶态为主的硅化凝灰岩。

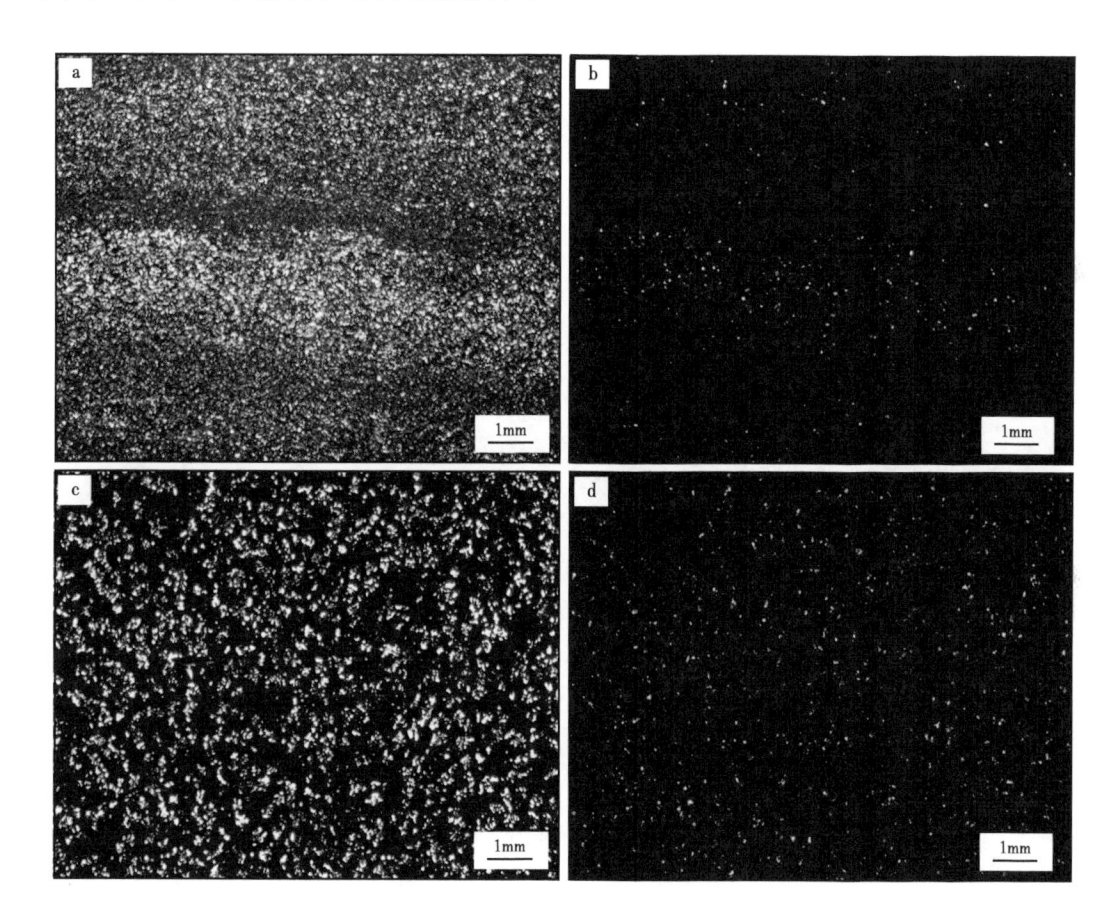

图 2.6 硅化凝灰岩镜下特征

a.芦 104H 井（导眼），2123.25m，单偏光；b.芦 104H 井（导眼），2123.25m，正交偏光；
c.条 27 井，2848.47m，单偏光；d.条 27 井，2848.47m，正交偏光

2.1.1.6 硅藻凝灰岩

硅藻凝灰岩是本次新发现的一类凝灰岩类型，岩石除含有大量硅藻以外，还由火山碎屑物质组成。显微镜下岩石具泥晶—微晶结构、微生物结构，纹层状构造，主要由泥晶—微晶白云石与含硅藻层构成纹层状构造（图 2.7）。硅藻纹层含有大量硅藻，硅藻呈圆形粒状，中心有黑点，大小均匀，一般在 0.02~0.03mm 之间，多数呈星点状分布，局部硅藻密

集，呈连体生长，硅藻颗粒之间及硅藻颗粒内部孔隙发育。泥晶—微晶白云石纹层主要由铁白云石组成，显微镜下局部见菱形白云石，呈高级白干涉色，白云石含量约为32%，黏土矿物含量约为16%，另含有机质约4%。

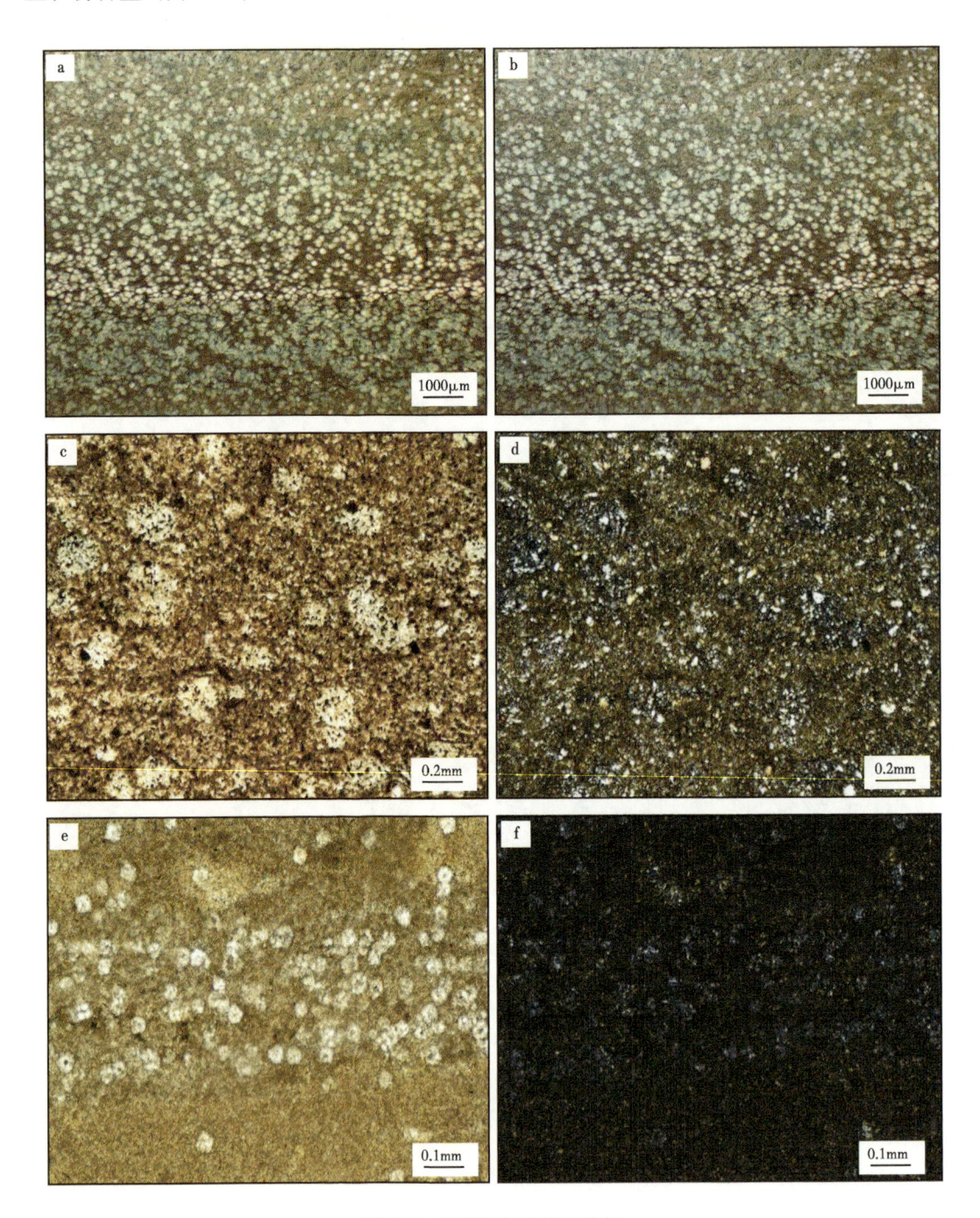

图2.7 硅藻凝灰岩镜下特征

a. 马56-133H井，2650.56m，单偏光；b. 马56-133H井，2650.56m，正交偏光；c. 马56-12H井，2125.03m，单偏光；d. 马56-12H井，2125.03m，正交偏光；e. 芦104H井（导眼），2149.78m，单偏光；f. 芦104H井（导眼），2149.78m，正交偏光

2.1.2 凝灰质泥岩

凝灰质泥岩中原始火山灰含量很低（小于50%），主要由陆源泥质组成，矿物组成中黏土矿物含量很高，一般大于50%。显微镜下岩石具有凝灰质泥状结构，块状构造，主要由深黑色隐晶质黏土矿物组成，其中散布一些火山碎屑物质，火山碎屑物质主要为棱角状—次棱角状长石、石英晶屑（图2.8）。石英晶屑呈尖棱角状与港湾状，粒径一般为0.01~0.03mm。局部见火山玻璃脱玻化形成隐晶质玉髓团块。长石晶屑多数后期黏土化、绢云母化十分严重而无法区分长石种类，仅见其假象。见大量隐晶质硅质矿物，以玉髓为主，主要由次生蚀变和脱玻化作用形成；可见星点状、团块状、丝带状和不规则状不透明暗色矿物产出。凝灰质泥岩物性很差，基本不能作为储层。但凝灰质泥岩中有机质含量较高，是潜在的烃源岩。

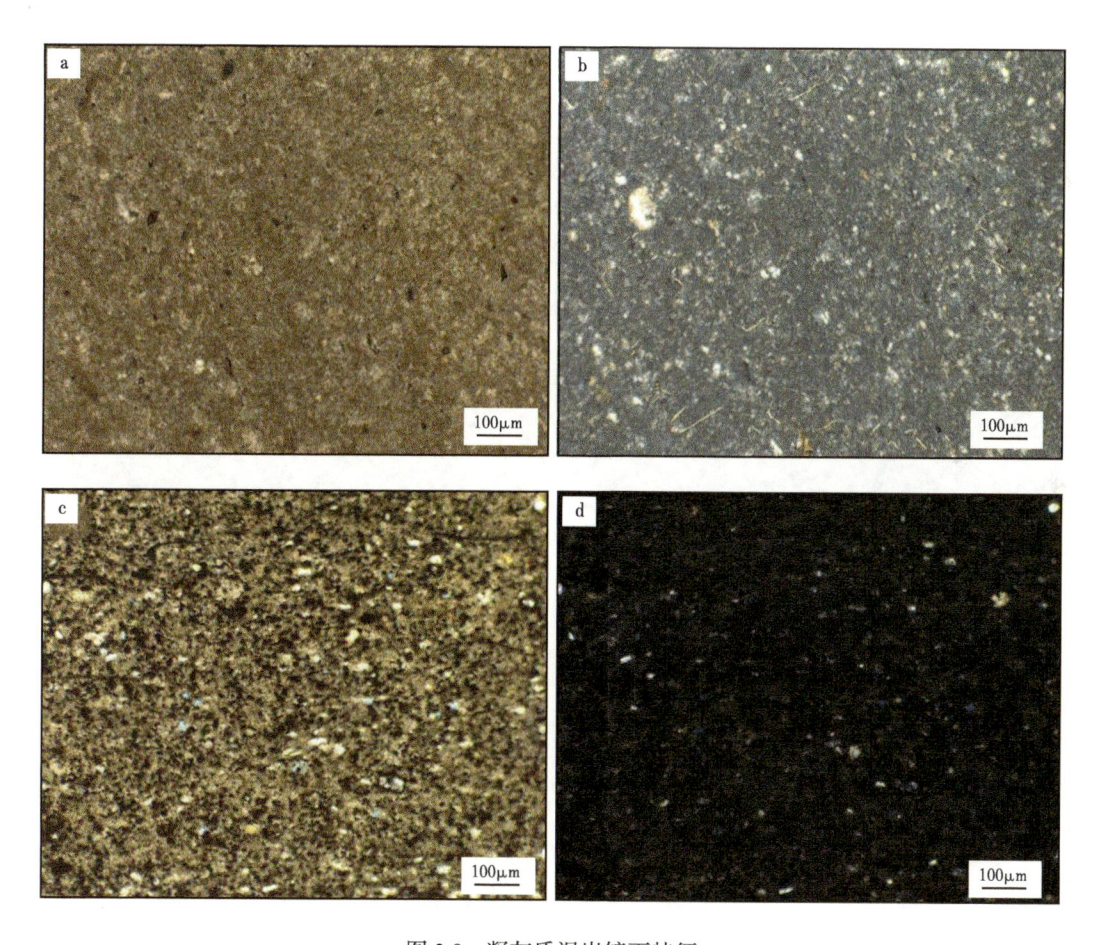

图2.8 凝灰质泥岩镜下特征
a. 马7井，1788.92m，单偏光；b. 马7井，1788.92m，正交偏光；c. 条27井，2850.75m，单偏光；
d. 条27井，2850.75m，正交偏光

2.1.3 凝灰质砂岩

凝灰质砂岩岩心主要为灰色，部分为灰白色。凝灰质砂岩中原始火山灰含量也很低

（小于 50%），受河流搬运作用影响，由中砂岩、细砂岩、粉砂岩与火山灰混合沉积作用形成，粒度变化相对较大，岩石性质更接近细砂岩、粉砂岩（图 2.9），显微镜下岩石具细—粉粒砂状结构，块状构造。颗粒主要由石英、岩屑及钾长石组成。重矿物见不透明金属矿物。杂基主要为黏土物质及绢云母，胶结物由细粉砂及泥质组成。岩石整体分选性中等，磨圆度差，多呈次棱角状，这种具有一定磨圆度的特征通常表明其经历了短距离的搬运过程。成分成熟度及结构成熟度中等。岩石支撑类型为杂基支撑，胶结类型为孔隙式—接触式胶结，颗粒间接触性质为线、点接触，岩石局部发育次生孔隙。石英多呈次棱角状—次圆状，粒径为 0.12~0.3mm，晶内裂纹发育，表面脏杂，具平行消光。钾长石呈次棱角状，粒径为 0.10~0.28mm，表面脏杂，发育强烈黏土化。岩屑主要为燧石及泥岩，呈次棱角状，粒径约为 0.22mm；其中泥岩受变质作用，多转变为雏晶绢云母。胶结物粉砂颗粒主要为石英，粒径均小于 0.08mm，泥质胶结物及杂基均已转变为雏晶绢云母，充填于颗粒接触部位。凝灰质砂岩物性较好，孔隙度主要分布在 9.8%~11.0% 之间，渗透率一般小于 0.1mD。

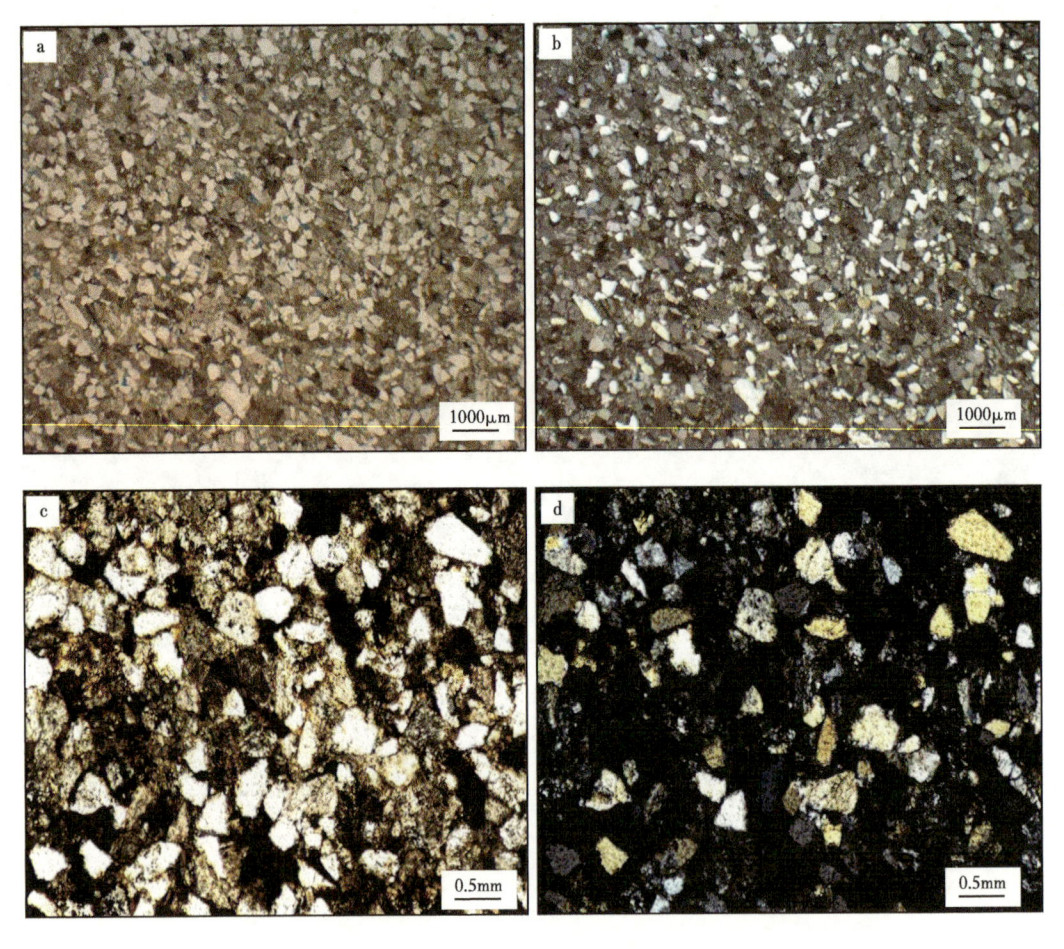

图 2.9 凝灰质砂岩镜下特征

a. 马 7 井，1484.15m，单偏光；b. 马 7 井，1484.15m，正交偏光；
c. 马 702 井，1534.95m，单偏光；d. 马 702 井，1534.95m，正交偏光

2.2 条湖组凝灰岩特征组分

研究区条湖组凝灰岩的类型以玻屑凝灰岩为主，含有少量玻屑晶屑凝灰岩和晶屑凝灰岩。通过对马朗凹陷条二段 10 余口取心井进行岩心观察、普通薄片和铸体薄片的镜下鉴定，以及扫描电镜观察，再结合 X-射线衍射全岩分析结果，综合分析确定了条湖组凝灰岩的晶屑矿物组成主要为钠长石，少见辉石、橄榄石等暗色矿物，玻屑成分主要为长英质矿物（以 Si、O 为主，其次是 Al、Na、K，少量为 Mg、Fe、Ca 等），反映出凝灰岩具有中酸性火山岩的特征。

2.2.1 玻屑成分

马朗凹陷条湖组凝灰岩含有一定量的沉积有机质和极其少量的黏土物质，凝灰岩的成分主要为玻屑，玻屑成分主要为长英质，从扫描电镜和能谱分析来看，条湖组玻屑凝灰岩的元素主要为 Si、O，其次为 Al、Na、K、Mg、Fe。而石英和长石的主要构成元素为 Si、O、Al、Na、K，所以认为这些玻屑的母岩岩浆偏中酸性。

2.2.2 晶屑成分

马朗凹陷条湖组凝灰岩的次要成分为晶屑，晶屑主要有石英和长石，显微镜下未发现基性矿物，进一步说明其母岩岩浆应该是偏中酸性。结合扫描电镜及能谱分析结果进一步证明了晶屑成分主要为石英和长石，并且长石类型是以中酸性斜长石的典型代表钠长石为主。

2.2.3 石英含量

从马朗凹陷条湖组凝灰岩样品的全岩 X-射线衍射数据来看，石英含量较高，介于 10%~50%，其次为斜长石和黏土矿物，少数样品具高含量的方解石（表 2.2）。总体上，条二段凝灰岩的石英含量较高，如此高的石英矿物含量表明条二段凝灰岩的火山灰性质偏中酸性。

表 2.2 马朗凹陷黏土矿物及全岩 X-射线衍射分析表

样品编号	井位	深度（m）	岩性	石英（%）	斜长石（%）	钾长石（%）	黏土矿物（%）
XJ030	马55井	2267.50	玻屑凝灰岩	12	65		13
XJ032	马55井	2269.10	玻屑凝灰岩	10	59	4	12
XJ035	马55井	2271.25	玻屑凝灰岩	16	63		12
XJ041	马56-133H井	2650.56	玻屑凝灰岩	25	25		21
XJ070	马56-15H井	2251.08	玻屑凝灰岩	13	71		12
XJ071	马56-15H井	2252.40	玻屑凝灰岩	18	54		19
XJ075	马56-15H井	2260.33	玻屑凝灰岩	32	36		23
XJ083	马7井	1485.64	玻屑凝灰岩	26	13		51

续表

样品编号	井位	深度(m)	岩性	石英(%)	斜长石(%)	钾长石(%)	黏土矿物(%)
XJ095	马7井	1790.87	玻屑凝灰岩	29	11		53
XJ096	马7井	1791.00	玻屑凝灰岩	23	11	22	18
XJ109	马56-12H井	2119.72	玻屑凝灰岩	17	35		34
XJ110	马56-12H井	2121.09	玻屑凝灰岩	22	30		26
XJ116	马56-12H井	2126.54	玻屑凝灰岩	41	14	3	35
XJ121	芦102H井	2861.80	玻屑凝灰岩	37	20		9
XJ123	芦102H井	2868.79	玻屑凝灰岩	15	21		27
XJ136	条27井	2850.75	玻屑凝灰岩	24	23		24
XJ044	马56井	2141.80	玻屑凝灰岩	10	74		12
XJ001	芦104H井	2123.25	硅化凝灰岩	28	33		25
XJ107	马56-12H井	2117.64	硅化凝灰岩	24	25		27
XJ081	马56-15H井	2268.55	硅化凝灰岩	12	43	16	22
XJ068	马56-15H井	2249.46	晶屑玻屑凝灰岩	16	53		23
XJ029	马55井	2267.30	晶屑玻屑凝灰岩	10	70		13
XJ078	马56-15H井	2259.33	晶屑玻屑凝灰岩	27	33		33
XJ085	马7井	1537.63	晶屑玻屑凝灰岩	16	31	9	32
XJ087	马7井	1540.81	晶屑玻屑凝灰岩	16	24	21	29
XJ088	马7井	1542.84	晶屑玻屑凝灰岩	17	22	15	36
XJ089	马7井	1544.02	晶屑玻屑凝灰岩	50	11	8	23
XJ097	马7井	1793.10	晶屑玻屑凝灰岩	20	22	8	37
XJ099	马7井	1884.20	晶屑玻屑凝灰岩	17	44		27
XJ101	马7井	1887.18	晶屑玻屑凝灰岩	11	53	9	21
XJ122	芦102H井	2864.67	晶屑玻屑凝灰岩	14	26		33
XJ111	马56-12H井	2122.69	晶屑玻屑凝灰岩	25	17	11	39
XJ126	马62H井	2382.30	晶屑玻屑凝灰岩	10	7	10	16
XJ093	马7井	1788.92	泥质凝灰岩	20	35		44
XJ094	马7井	1789.67	晶屑凝灰岩	17	6	5	31

根据元素图版投图确定条湖组凝灰岩主量元素 SiO_2 的质量分数为 52.91%~73.02%，平均为 62.29%。TAS 图表明凝灰岩样品点主要落入中酸性火山岩（流纹岩、英安岩和粗安岩）区（图 2.10a）。条湖组凝灰岩微量元素的 Nb/Y—Zr/TiO$_2$ 图解中，数据点主要落在安山岩（中性）和流纹英安岩—英安岩（酸性）火山岩区（图 2.10b），同样说明凝灰岩的原始火山灰以中酸性为主。条湖组凝灰岩与现代火山喷发的长白山地区火山灰具有相似性，其

SiO₂含量主要分布在62%~72%之间，也属于中酸性火山灰。

条湖组中酸性凝灰岩直接分布在一套稳定的中基性火山岩之上，形成于一个火山喷发旋回的末期，反映出岩浆由基性到酸性的演化和火山活动由强到弱的变化。岩浆沿通道上升过程中，基性矿物发生结晶而分离出来，酸性岩浆SiO₂含量变高，黏度变大，流动能力变差，由于黏稠，堵塞火山口后，能量聚集，产生能量巨大的喷发作用从而形成火山灰。这种中基性火山岩与中酸性凝灰岩的接触模式类似"双峰"式火山喷发，通常被认为是在大陆裂谷环境中发育，双峰式火山岩的成分间断实际上可以发生在任一SiO₂含量区间内，既可以是通常认为的流纹岩—玄武岩组合，也可以是中性岩—玄武岩组合或流纹岩—中性岩组合。任何一个组合在时空上紧密伴生的、SiO₂含量集中分布在两个区间或其间存在一定成分间断的火山岩系均称为双峰式火山岩组合。研究区凝灰岩中可见极少量的安山岩岩屑，呈棱角状，没有搬运迹象。前人研究表明，三塘湖盆地火山岩样品点均落在板内玄武岩区，微量元素比值蛛网图也显示板内火山岩的特征，推测火山岩和凝灰岩均形成于造山期后的拉张伸展陆内裂谷环境，与岛弧无关。

a. 主量元素TAS图

b. 微量元素Nb/Y—Zr/TiO₂关系图

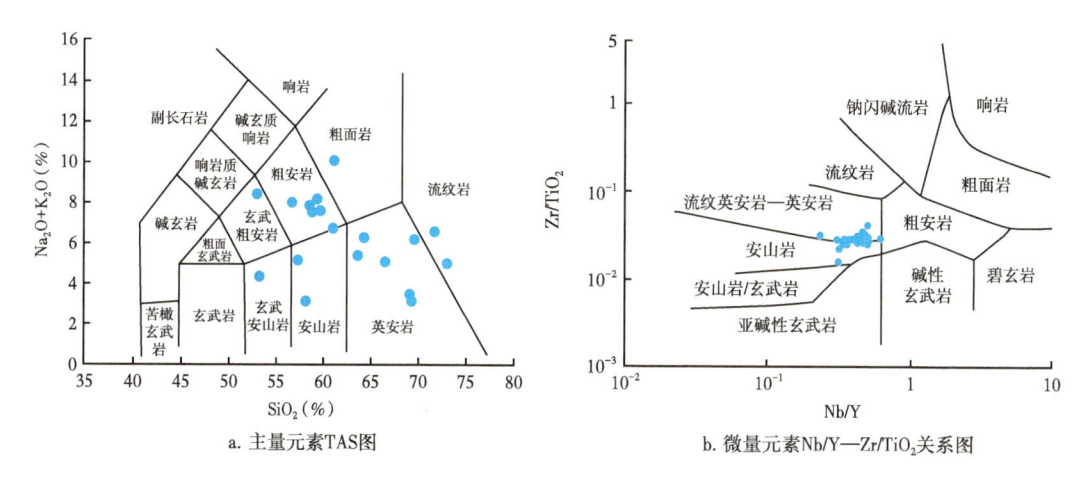

图2.10　马朗凹陷条湖组凝灰岩主量元素TAS图解和微量元素Nb/Y—Zr/TiO₂关系图

2.3　条湖组凝灰岩分布规律

条湖组凝灰岩类型、厚度受火山活动带分布和沉积古地形共同控制，火山活动带两侧的古沉积洼地是凝灰岩分布的主要部位。纵向上，马朗凹陷凝灰岩分布在条二段的底部，厚度主要在30m左右，这套凝灰岩与上下地层岩性均具有明显的区别。平面上，凝灰岩岩相区分布在马朗凹陷的北部斜坡，局部被剥蚀。与碎屑岩储层受沉积相控制不同，凝灰岩的分布还受距离火山活动带远近等因素的影响。

2.3.1　垂向分布特征

二叠系条湖组不同类型的凝灰岩在垂向上的分布具有一定规律性（图2.11）。玻屑凝灰岩垂向上主要分布在凝灰岩段的中—下部，是火山喷发末期较早阶段的产物。

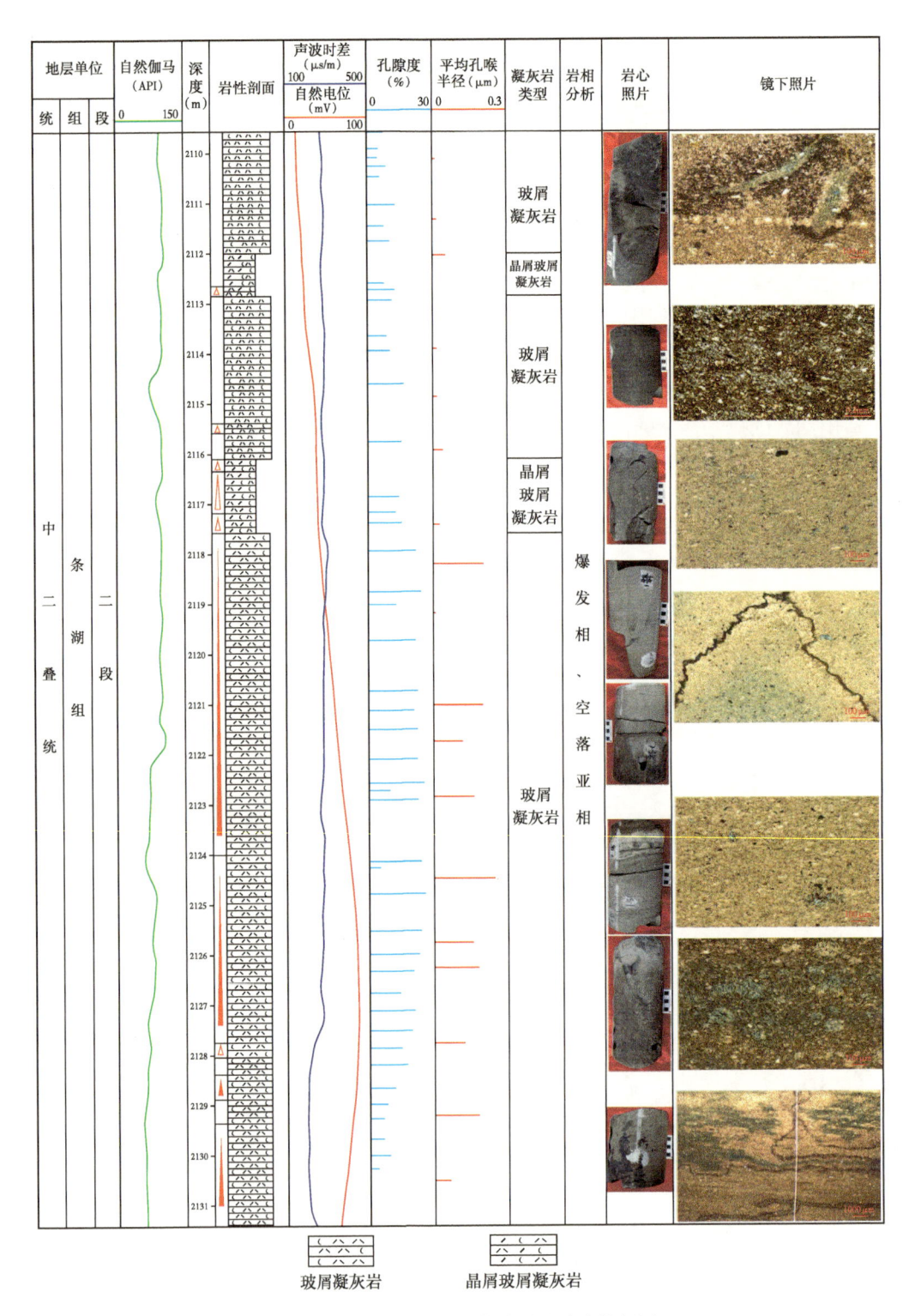

图 2.11 马 56-12H 井凝灰岩垂向分布特征图

晶屑玻屑凝灰岩垂向上也主要分布在凝灰岩段的中—下部，晶屑分布受到火山喷发强弱的控制，一次火山喷发形成的晶屑应主要呈环带状或扇形分布在火山口周围，而下一次火山喷发变强或减弱，就会使晶屑分布环带（或扇形）超过或小于原先的晶屑分布范围。这样由于多次火山喷发强弱不同，相互叠加，在垂向上就形成了玻屑凝灰岩与晶屑玻屑凝灰岩呈不等厚互层的现象。泥质凝灰岩垂向上主要分布在凝灰岩段的上部，由于火山喷发末期火山灰供应不足所致。硅化凝灰岩垂向上主要分布在凝灰岩段的底部，与下部玄武岩直接接触，厚度较薄。

火山灰直接降落在湖盆中形成条湖组凝灰岩，凝灰岩的物质来源是火山活动带，凝灰岩的形成类型与火山活动带的距离有关。随着与火山口距离的减小，晶屑含量增加。晶屑玻屑凝灰岩的形成是由于较大晶屑不能被风搬运太远。随着与火山口距离增大，玻屑含量增多，玻屑凝灰岩发育。当与火山口距离超出一定范围时，火山灰供给不足，相应的陆源碎屑含量增加，形成凝灰质砂岩或泥质凝灰岩等。所以，晶屑玻屑凝灰岩平面上主要分布在近火山口带，玻屑凝灰岩平面上主要分布在中远火山口带，凝灰质砂岩平面上主要分布在远火山口带。

条一段沉积期火山活动频繁，整个三塘湖盆地处于张性伸展状态。构造运动产生的断层成了岩浆喷发通道，进而形成了火山活动带，发育厚层玄武岩。条二段沉积期火山作用减弱，沉积了较薄层的凝灰岩，目前这套凝灰岩是马朗凹陷二叠系的重要致密油储层。

2.3.2 平面分布特征

条湖组沉积期，由于受印支运动影响，三塘湖盆地发育一套富火山岩湖泊沉积建造，条湖组凝灰岩是火山灰直接降落在湖盆中形成的，火山活动带是凝灰岩的物质来源，不同类型凝灰岩的形成与其距离火山活动带的远近直接相关（图2.12）。一般距离火山口越近，晶屑含量越高，较大的晶屑颗粒不能被风搬运太远，就近沉积形成晶屑玻屑凝灰岩，即晶屑玻屑凝灰岩平面上主要分布在近火山口带。在一定范围内，距离火山口越远，玻屑含量越高，从而形成玻屑凝灰岩，即玻屑凝灰岩平面上主要分布在中远火山口带。但是距离过远则火山灰供给不足，随着陆源物质的加入，泥质含量逐渐增加，形成泥质凝灰岩或凝灰质泥岩、凝灰质砂岩。由此得出，泥质凝灰岩平面上主要分布在远火山口带，随陆源碎屑影响逐渐增大形成凝灰质粉砂岩或凝灰质砂砾岩。

根据连井剖面得出，条湖组凝灰岩主要分布在马朗—条湖凹陷腹部及北部斜坡带，地层"南厚北薄"，向北剥蚀尖灭，根据条二段残余厚度推测，在马朗凹陷东北方向现今的条二段已逐渐减薄尖灭，其西南部因受控于其西南端的边界大断层而终止。东南部最大地层厚度达700m，为最厚地层区域，西北部最厚区域约为400m，总体上有两个厚度中心，沿南东—北西向呈串珠状分布（图2.13）。马朗凹陷条二段整体剥蚀较为强烈，不同位置剥蚀量差别较大，凹陷北部剥蚀量大，剥蚀最大处可达300多米，南部剥蚀量较小，比如马6井、马9井附近区域显示未遭受剥蚀。条一段和条三段是一套以喷溢相为主的火山岩建造，条二段以火山间歇期泥岩及沉凝灰岩沉积为主。条二段发育火山角砾岩、火山碎屑沉积岩、玻屑晶屑沉凝灰岩和火山熔岩，夹凝灰质泥岩和煤系泥岩。条湖组致密油储存于条二段火山碎屑岩底部，为一套玻屑晶屑沉凝灰岩。2013年以来采用水平井与大型体积压裂技术，在马56井、马57H井、马58H井相继获得高产工业油流。

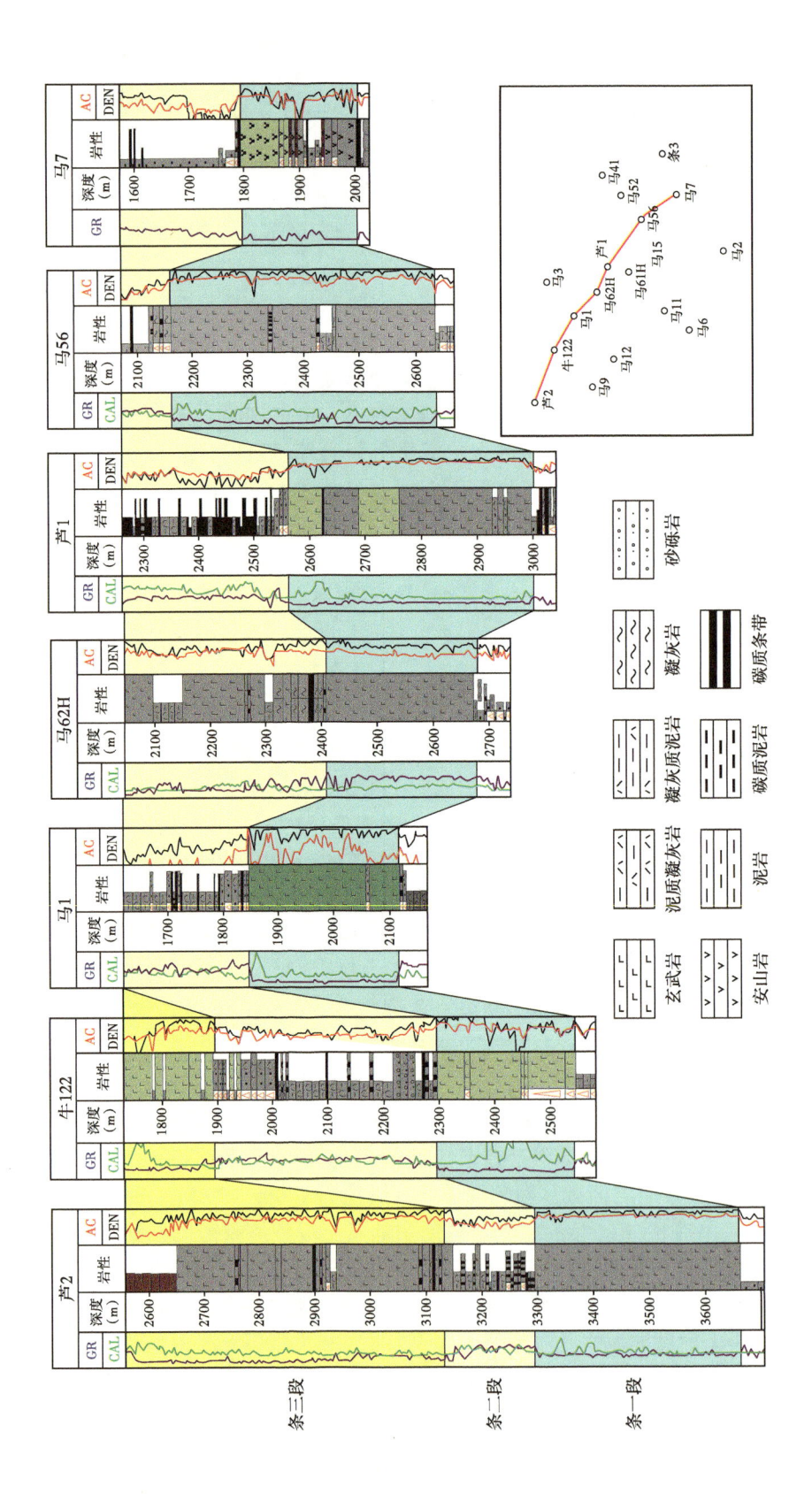

图2.12 马朗凹陷条湖组近南北向连井剖面图（据马剑，2016，修改）

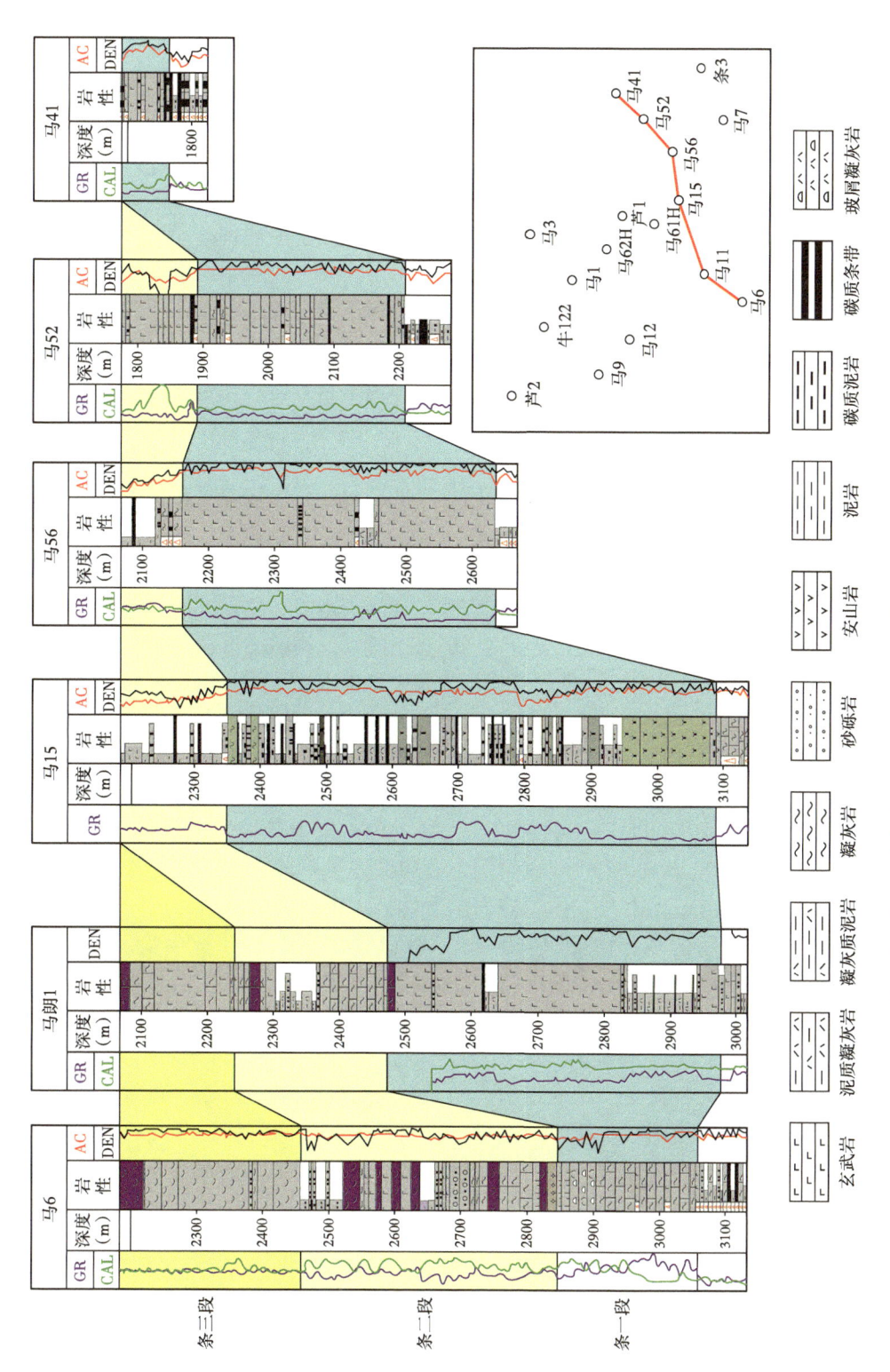

图2.13 马朗凹陷条湖组近东西向连井剖面（据马剑，2016，修改）

2.4 条湖组岩相类型与特征

火山喷发旋回通常指火山喷发通道或断裂发生的一次相对集中的活动，物质成分、喷发方式及喷发强度的规律性变化过程中，形成的一套相序上具成因联系的火山岩组合。通常包括初喷期、高峰期、衰退期到休眠期的整个过程（地球科学大辞典编委会，2006）。火山活动早期，能量较强，固体和塑性喷出物强烈爆发，以爆发空落相为主；火山活动中期，能量减弱，岩浆在后续喷出物推动和自身重力共同作用下沿地表流动形成溢流相；火山活动后期，大量火山灰在空中经一定距离搬运后降落在陆上或水中形成凝灰岩喷发沉积相；火山活动末期，火山活动进入平静期，陆地物源作用和水的搬运作用加强，形成以火山碎屑岩为主的火山沉积相。这种火山活动经历的强烈喷发—平静溢流—凝灰岩沉积—火山喷发平静期，称为一个火山喷发旋回。一次复杂火山喷发旋回内部可划分多个期次，地质上通过风化壳、沉积夹层、岩性界面及相序等方面识别，测井上通过对岩性响应明显的自然伽马、电阻率和密度曲线识别。随着地震资料精度的不断提高，通过地震相开展火山机构识别将成为一种技术手段。前人研究表明，马朗凹陷在石炭纪受哈萨克斯坦板块和西伯利亚板块碰撞造山作用影响火山作用强烈。三塘湖盆地马朗凹陷二叠系芦草沟组沉积期，火山作用减弱，以湖相钙质泥岩沉积为主，仅在局部发育薄层凝灰质泥岩沉积；从岩石组合特征来看，条湖组沉积期主要经历火山喷发期—火山灰、陆源碎屑沉积期—火山休眠期3段式沉积演化过程，每次火山活动均经历火山喷发—溢流—沉凝灰岩沉积—火山喷发平静期，即一个完整的火山喷发旋回。喷发方式主要为以断裂为火山通道的裂隙式火山喷发。

条湖组沉积期，三塘湖盆地继承石炭纪火山作用发生以张性断裂为火山通道的裂隙式喷发火山作用，依据条湖组岩性特征与地层对比，条湖组可以划分为三段；其中，条一段与条二段在整个马朗凹陷分布范围最大，条三段由于受后期地壳抬升，遭受剥蚀，主要分布于马朗凹陷西南侧，东北斜坡剥蚀范围较大。条一段火山活动发育，主要发育溢流相玄武岩，之后由于火山喷发作用减弱，岩性以火山熔岩和火山碎屑岩为主，夹火山活动短暂休止期沉积的湖相薄层泥岩。条一段沉积期之后，由于火山喷发作用减弱，进入较长的火山喷发休止期；条二段沉积初期发育喷发相凝灰岩，沉积末期发育大套沉凝灰质泥岩和泥岩，为火山喷发间歇期典型特征，说明这个时期构造相对稳定，条一段和条二段构成了一个完整的火山喷发旋回。条三段沉积期，该区又进入火山活动发育期，以火山熔岩和火山碎屑岩为主，见少量次火山岩夹湖相薄层泥岩，之后进入一个较长时间的构造抬升与地层剥蚀期。条三段分布局限，仅马朗凹陷西南部和东部残存，由于喷发方式、岩浆自身能量的差异性，研究区改造既有的沉积湖盆，形成了不同类型的火山湖泊沉积。

邹才能（2010）参考前人对火山岩的研究成果，归纳总结出按照"岩性—组构—成因"的火山岩岩相划分标准，对火山岩岩相进行了4相组、6相、10亚相的标准划分。其中第一类为次火山岩相组的次火山岩相，位置位于火山口下部，形成机制为侵入；第二类为火山通道相组的火山通道相，位置位于火山口，形成机制为侵出—侵入；第三类为火山喷发相组，位于地表近火山口，包括爆发、喷发空落机制形成的爆发相，喷发溢流机制形成的喷溢相,以及熔浆被挤出地表冷凝固结形成的侵出相;第四类为火山沉积相组的火山沉积相,为远离火山口地表,由火山灰和火山尘漂移、空落沉积形成。

纵向上,完整的火山岩岩相序列一般为火山通道相—爆发相—溢流相—喷发沉积相—火山沉积相。但在每个区域火山活动的类型及强弱不一致,不一定出现完整的序列,可能仅仅出现部分序列,或者出现重复序列。马朗凹陷条二段已钻探井主要以溢流相开始,本书在对马朗凹陷条湖组沉积相研究的同时重点对条二段凝灰岩段的沉积模式进行了分析。条一段顶部以溢流相为主,到条二段底部则以喷发相为主,往上见有与陆相过渡的火山沉积相,再往上则过渡到陆相,其中条二段整体上看主要为湖泊沉积,仅仅局部发育三角洲相。

2.4.1 凝灰岩岩相类型

2.4.1.1 溢流相

溢流相往往是以黏度小、易流动的基性岩浆等经过火山口溢出凝结而成,这个过程是在火山强烈爆发后炙热的状态下发生的。根据岩浆的成分差异可分为玄武岩、安山岩和英安岩等不同岩石类型。根据岩浆的密度、黏度和成因的不同可形成熔岩被和熔岩流两种类型,陆上与水下均可发育溢流相,前者发育绳状、波状构造等,后者发育枕状构造。

研究区条一段顶部发育溢流相,其岩石类型以喷出的基性玄武岩为主,其次是喷出的中性安山岩,均具有中低黏度的特点,流动性强、厚度稳定且产状平缓。溢流相在研究区条一段广泛发育,马朗凹陷探井普遍钻遇。以条171井和马60H井为例(图2.14),岩石呈灰黑色,具隐晶质结构,岩心表面可见少许斑晶。

图 2.14 条一段溢流相岩心特征
a. 条171井,2128.52m,杏仁状玄武岩;b. 马60H井,2375.94m,安山岩

2.4.1.2 爆发空落相

爆发相是在一定的条件下火山强烈爆发作用所产生的产物,即火山碎屑岩在地表堆积而成。虽然爆发相发生于火山作用的任何时期和阶段,但最为发育的还是在早期和高潮阶段。以粗粒(沉)火山碎屑岩沉积为特征,一般分布在火山口附近;以火山角砾岩或以凝灰质砂砾岩沉积为特征,岩性较复杂。火山角砾岩为爆发空落相的主要地质标志,马朗凹陷条湖组多口井的录井资料上均显示有火山角砾岩存在,主要发育流纹质和安山质火山角

砾岩。典型的火山角砾岩分布在马朗凹陷中心的西南侧，马6井、马49井和马52井等区域，岩心上主要呈灰色和灰绿色，致密坚硬，含有大小不等的火山角砾，磨圆呈棱角状—次棱角状，分选较差。岩石发育大量刚性岩屑，玻屑凝灰岩、安山质凝灰岩和玄武质凝灰岩的岩屑含量较高。填隙物为凝灰级碎屑，晶屑为石英、长石。火山角砾岩的孔隙以粒间孔为主，偶见粒内溶孔及火山灰溶蚀孔，构造裂缝也比较发育。

2.4.1.3 喷发沉积相

　　研究区喷发沉积相岩石类型主要是凝灰岩，以玻屑凝灰岩和晶屑玻屑凝灰岩为主。已钻探井钻遇凝灰岩厚度为10~30m，最厚达数十米。以马56-12井和马7井为例（图2.15），凝灰岩岩心普遍呈灰白色，油浸、油迹明显（芦1井凝灰岩岩心因有机质含量高而呈黑色），岩石致密，基质含油而呈黑色，裂缝较发育。研究区喷发沉积相主要发育在火山作用强度减弱时期的条二段底部。凝灰岩的自然伽马、密度和声波时差值均介于火山岩（玄武岩、安山岩或辉绿岩）与凝灰质泥岩之间，呈齿化块状中值，其测井响应在纵向上与下部火山岩和上部凝灰质泥岩的测井曲线共同构成阶梯状。

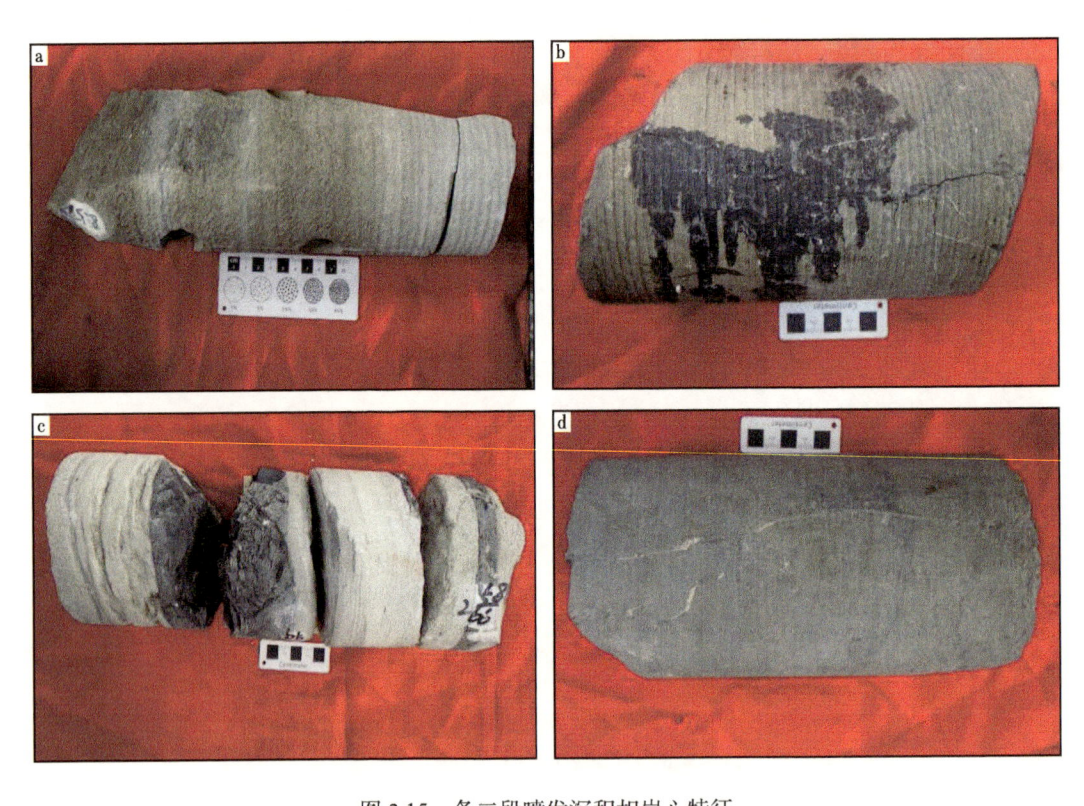

图2.15　条二段喷发沉积相岩心特征

a. 马56-12井，2119.07m，油浸玻屑凝灰岩；b. 马7井，2119.07m，油迹玻屑凝灰岩；
c. 芦102井，2864.67m，晶屑凝灰岩；d. 马55井，2478.1m，晶屑玻屑凝灰岩

2.4.1.4 火山沉积相

　　火山沉积相岩石类型主要是凝灰质泥岩及少量凝灰质粉砂岩，构造类型单一，层理发育，可见钙质条带充填。研究区火山沉积相主要发育在火山作用平静期的条二段中上部。研究区条湖组火山旋回末期在全区沉积一套稳定的凝灰质泥岩。以马702井为例

（图2.16），凝灰质泥岩岩心有一定层理发育，可见方解石条带充填。

图2.16 条湖组火山沉积相岩心特征
a. 马702井，1539.01m，凝灰质泥岩；b. 马55井，2478.8m，凝灰质粉砂岩夹泥岩

2.4.1.5 三角洲相

辫状河三角洲相发育于马朗凹陷北部的牛圈湖区块滨浅湖地带马1井、马55井及马7井区域。岩性有含砾砂岩、中砂岩、细砂岩、深灰色泥质条带或碳质纹层，见冲刷构造、平行层理、交错层理和条带状层理发育（图2.17），颜色为灰色，局部夹灰白色。同生内碎屑，单层厚度在2m左右，砂体变薄，整体为正韵律，薄片观察砂岩分选、磨圆好；杂基少，见少量绿泥石黏土膜，斑状方解石胶结，搬运距离稍远，沉积水体稍深，为弱碱性滨浅湖沉积环境，砂体微相为接近前三角洲的辫状河三角洲前缘地带。电性上由于河道砂中含有较多泥质、钙质，测井响应特征为微齿状、箱状中值，自然伽马通常为60~90API，深侧向电阻率为20~100Ω·m，呈宽缓峰状。

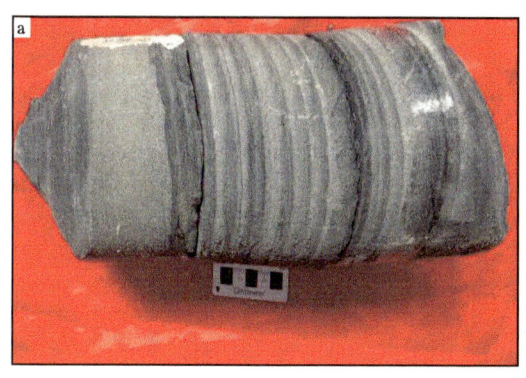

图2.17 条湖组三角洲相岩心特征
a. 马7井，1537.63m，凝灰质细砂岩夹泥岩；b. 马7井，1484.15m，砂砾岩

2.4.1.6 湖相

研究区湖泊相主要分布在条二段，有浅湖和半深湖两种亚相。浅湖亚相主要广泛分布于条二段的上部。岩石以浅灰色、灰绿色黏土岩和粉砂岩为主，而本书中的条湖组岩石类型则以薄层深灰色泥岩和泥质沉凝灰岩为主，偶夹少量薄层化学岩（图2.18）。发育水平层理，砂泥交互时，可形成透镜状层理，见下细上粗的反旋回特征沉积层序。测井响应特

征表现为中低自然伽马，通常为45~90API，中低电阻率。中振幅、高频率和较连续多表现在浅湖亚相的地震相特征中。局部录井显示湖相岩性以黑色泥岩为主，夹薄层黑色泥质凝灰岩，自然伽马值较高，自然电位曲线呈负异常或偏基线，声波时差曲线及侧向电阻率曲线较平直。整个条二段整体以湖泊沉积为主。

图2.18 条湖组湖相岩心特征
a. 马7井，1788.92m，黑色泥岩；b. 马62H井，2881.2m，黑色泥岩

条二段上部还发育半深湖亚相，以玻屑沉凝灰岩和泥岩沉积为主。发育水平层理及细波状层理。横向上的岩性分布较为稳定，在垂向上常见连续的且沉积厚度较大的完整韵律。泥岩主要颜色为灰色和深灰色，多含钙质、凝灰质及粉砂质、砂质条带，裂缝发育，见方解石、黄铁矿和重晶石充填。半深湖相具有高自然伽马和齿状测井响应的特点，自然伽马值通常为60~150API，中低电阻率。强振幅、高频率和较连续的特征则表现在半深湖亚相的地震相中。

2.4.2 条湖组岩相分布

研究区条湖组凝灰岩是在火山喷发后期火山灰"空降"到水中形成的，是一套以火山灰沉积为主的凝灰岩。各区块之间，凝灰岩厚度与岩相分布范围差异较大，主要受火山口和古地形的控制，距火山机构一定范围内，随距离增加，凝灰岩物性有变好的趋势；厚度有增大的趋势；在一定范围内，随着与火山机构距离的增大依次发育不同的岩相。从马朗凹陷取心井岩性分析可以看出，马56井条二段凝灰岩段向西碳质成分增加，陆源碎屑成分增加，主要为凝灰质砂岩，往西至牛122井逐渐变为细粒含碳质凝灰岩、含泥质凝灰岩；往东至马7井，凝灰岩中泥质含量增加且厚度减薄；往南至马15井，凝灰岩中泥质含量增加且厚度减薄，再往南的马61井泥质和碳质含量均有增加。从马朗2井、马朗1井电性特征可以看出马朗凹陷中部泥质含量增高，可能远离凝灰质物源，而马12井电性特征为中低自然伽马、中低声波时差、中高电阻率，录井解释为白云质泥岩，其中酸性的凝灰质含量偏低，白云质含量偏高；马朗凹陷南部在马6井和马9井主要为粗粒火山碎屑岩或沉火山碎屑岩，但无油气显示。

喷发沉积相主要发育在芦1井、马56井和马7井区块范围内，区内条二段凝灰岩段表现为粉—微级。岩性以玻屑凝灰岩为主，其次为晶屑玻屑凝灰岩，主要成分为石英和长石，含少量方解石和白云石，见微量沸石，不含或含极少量黏土矿物，说明凝灰质成分或碎屑稳定，没有经过明显风化蚀变作用，也可能没有经过一定的水动力搬运作用；另见其他微量自生矿物，如少量的泥粉晶碳酸盐、黄铁矿，偶见浊沸石。推测凝灰质火山喷出口在马56井东北方向，而远离这一喷出源则火山凝灰质沉积逐渐减少。反映在岩性上，则是火山灰物质占比较小，陆源输入泥质等占比大。南部陡坡带以沉火山碎屑岩为特征，定义为爆发相。

三角洲沉积主要分布在牛圈湖地区马1区块范围内，区内的条二段凝灰岩段岩性主要为凝灰质粉细—中粒长石岩屑砂岩，少量为岩屑砂岩，矿物成分主要为石英、长石和岩屑，石英含量为6%~13%，长石含量为20%~31%，岩屑含量为57%~74%，且基本为火山岩岩屑，还含少量云母（0.5%~2%）和千枚岩屑，泥质含量在1%~2%之间。碎屑颗粒整体分选及磨圆度均较好，杂基少，孔隙—压嵌式胶结。而牛122井和马5井具有中高自然伽马、低声波时差、中高电阻率的测井曲线特征，可能为细粒致密凝灰质砂岩，为马1井砂体的边缘区域，推测马1井为陆源输入的辫状河三角洲沉积。

湖泊沉积主要分布在马1区块的马60H井、马61H井、芦3井和芦2井范围内，区内条二段凝灰岩段主要为（灰质）玻屑凝灰岩、英安质玻屑凝灰岩、多屑凝灰岩、凝灰质泥晶灰岩、含碳凝灰质泥岩或含碳、含泥的沉凝灰岩，整体粒度较细，碳质及生物碎屑较发育，方解石含量较高，推测马1区块应为浅湖沉积环境，且湖水钙质浓度较高，水流不畅，仅在底部见与马56井凝灰岩性质相同且英安质含量高的凝灰岩，推测马1区块类似马56井的凝灰质成分供应不足。总体上看，至马61H井，岩性逐渐变为纹层状含碳、含泥粉细粒多屑或晶屑玻屑凝灰岩，方解石化作用较强，云母较多，但泥质偏高，可能以陆源输入为主，物性可能偏差，影响其含油性，由于泥质含量高，可能离凝灰质喷发物源稍远。总体上，可以推测马61H井—马60H井—牛122井—芦3井—芦2井区域古地势为相对洼地，沉积环境为浅湖。

半深湖沉积主要发育在马朗凹陷中部的马朗2井—马12井，从测井曲线来看，自然伽马及声波时差为中值，电阻率值较低，分析可知其高含泥质，推测可能远离凝灰质物源。从马12井录井岩性来看，主要为云质泥岩，凝灰质含量偏低，且电性特征显示为中低自然伽马、中低声波时差、中高电阻率值，推测为浅湖—半深湖泥质岩和碳酸盐岩沉积。

总之，通过取心井段岩心粒序、沉积韵律、沉积构造、生物发育和岩石学特征等方面的研究，重点井取心井段的岩心相分析、井壁取心、测井等成果及区域沉积特征的综合分析表明，辫状河三角洲沉积发育在马朗凹陷北部滨浅湖地带马1区块；火山爆发漂移远火山口的细粒凝灰质沉积发育于北部浅湖斜坡地区和浅湖火山洼地。南部陡坡带主要为粗粒沉积，岩性以凝灰质沉火山角砾岩或角砾状沉凝灰岩为主，颗粒分选、磨圆差，火山灰或泥质充填，具快速近距离堆积的特征。

2.4.3 条湖组凝灰岩沉积环境分析

根据本节的岩相分析，结合前人地震相特征分析，可以得出马朗凹陷以三角洲—湖泊沉积体系为主，凹陷内不同区域沉积类型不一样，条二段沉积期，凹陷内以半深湖相为主，三塘湖盆地中心处发育半深湖相，浅湖相发育在盆地边缘的局部地区（图2.19）。条二段自下而上水体变浅，半深湖相逐渐萎缩，浅湖范围扩大，粗碎屑岩沉积逐渐发育为主体，马朗凹陷的西南部见砂砾岩，推测发育三角洲沉积。

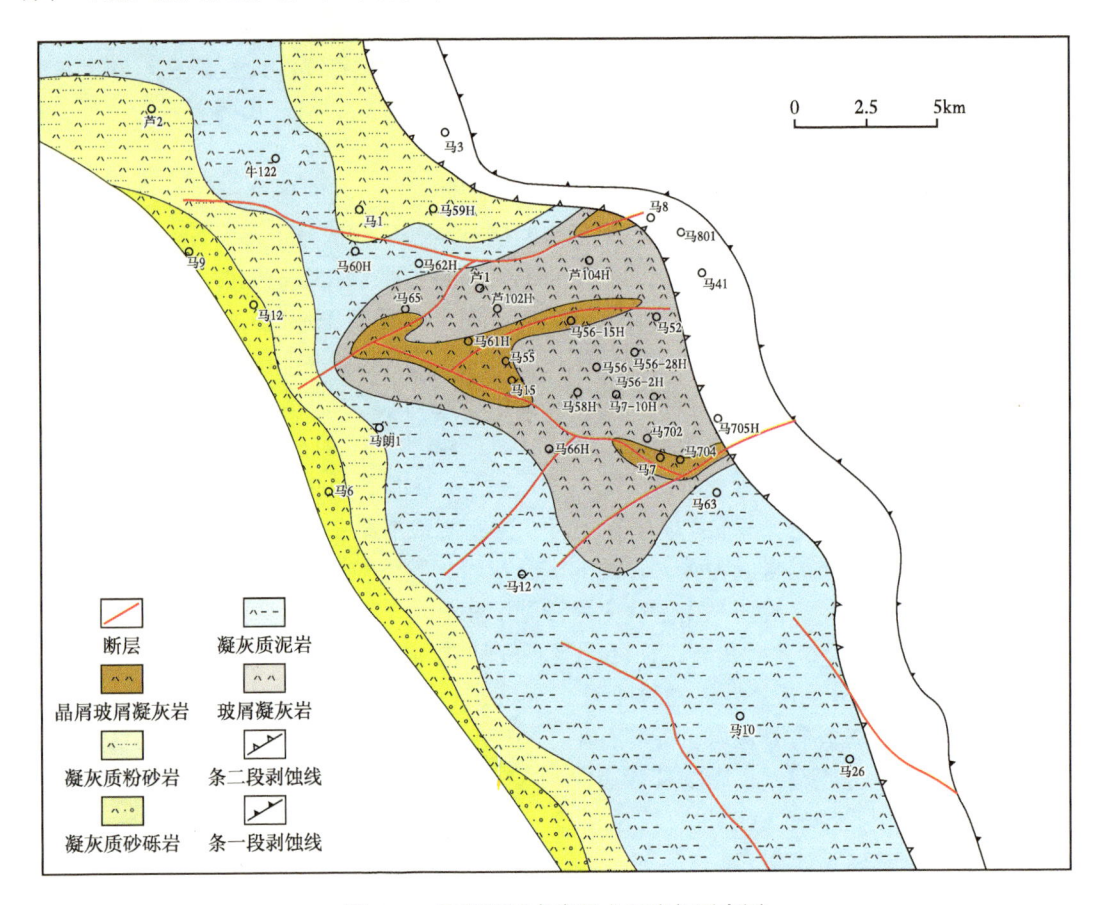

图2.19 马朗凹陷条湖组主要岩相展布图

马朗凹陷北部马1区块发育滨浅湖地带辫状河三角洲沉积，岩性主要为凝灰质粉细粒—中粒长石岩屑砂岩，见少量岩屑砂岩，岩心发育平行层理、条带状层理和同生内碎屑，单层厚度在2m左右，夹深灰色泥质条带或纹层，向上泥岩厚度增大，砂体变薄，整体为正韵律变化。薄片观察砂岩分选、磨圆好，杂基少，见少量绿泥石黏土膜，斑状方解石、浊沸石胶结，表明其搬运距离较远，沉积水体较深，为弱碱性滨浅湖沉积环境，砂体微相为水下分流河道、远沙坝与席状砂，为接近前三角洲的辫状河三角洲前缘地带。马朗凹陷北坡浅湖火山洼地发育火山爆发漂移远火山口火山灰凝灰岩沉积，以马7井、马15井、马56井和条27井为代表，岩性主要为粉—微级的沉凝灰岩，少量为细粒级，岩心发育纹层状、波状纹理及块状或不明显正粒序层理，见泄水构造和同沉积同生凝灰岩岩屑，并发育一定量的生物碎屑和完整的微生物体化石；凝灰岩化学成分为长英质，碎屑组分为晶屑、玻屑和火山灰等火山碎屑物质，发育黄铁矿、泥粉晶碳酸盐等自生矿物；凝灰岩与浅湖相深色泥岩互层，本身吸附较多有机质，纯凝灰质层段基本不含陆源黏土，生物碎屑、晶屑等长轴顺层水平排列，但没有经过一定的水动力搬运作用，因此认为该类型地层为火山爆发、火山灰漂移、空降和浅湖环境沉积的凝灰岩。

综合分析认为条二段沉积早期,在北部滨浅湖地带马 1 区块发育辫状河三角洲沉积;北部浅湖斜坡地区、浅湖火山洼地的芦 1 井—马 56 井—马 7 井范围内发育火山爆发漂移远火山口细粒凝灰质沉积,凝灰质火山喷出口在芦 1 井—马 56 井东北方向,随着远离火山活动区,火山凝灰质沉积逐渐减少,陆源碎屑及泥质含量增高,如马朗凹陷中央地区、牛圈湖西部牛 122 井—芦 3 井—芦 2 井火山洼地;南部陡坡带以粗粒火山碎屑岩或凝灰质砂砾岩沉积为特征,为火山爆发相或三角洲相。条二段沉积中期仍然继承了早期的沉积格局,只是由早期的火山岩相—陆相逐渐过渡演化为陆相,此时马 9 井—马 6 井发育三角洲相,马 5 井—马 1 区块发育浅湖相。条二段沉积晚期继承了中期的沉积格局,此时期水体变浅,深湖—半深湖相萎缩,北部区域浅湖范围增大,粗碎屑岩沉积逐渐发育,此时马 9 井—马 6 井三角洲相进一步发育,范围扩大。

3 凝灰岩地球化学特征

3.1 凝灰岩元素地球化学特征

本节主要测试了马朗凹陷条湖组凝灰岩地球化学特征，主量元素测试制样方法如下。（1）干燥：倒 2~3g 样品于信封中，敞口置于烘箱中设置 105℃ 干燥，烘干后，将样品一个个从烘箱中取出，放入玻璃干燥器中；（2）称量：记录坩埚编号和样品编号，在石墨坩埚中称量约 0.25g 偏硼酸锂，再称取约 0.05g 样品，混合均匀，并记录称量的质量，将石墨坩埚放入瓷坩埚中；（3）熔融：马弗炉设置 800℃，待温度升至 800℃，将坩埚置入其中，熔融约 20min；（4）配置 5% 的稀硝酸溶液：用（约 68%）浓硝酸稀释 13 倍左右，得到 5% 左右的稀硝酸（500mL 的纯水中加入 40mL 浓硝酸），然后分装 30mL 稀硝酸至 100mL 的刻度塑料瓶内；（5）溶解：取出瓷坩埚，放置在铁的坩埚架上，1min 内将石墨坩埚内的熔珠倒入 30mL 的 5% 左右的稀硝酸中；将塑料瓶放置到振荡器上，振荡约 2h，至完全溶解；（6）定容：用 Milli-Q 纯水定容到 100mL（相当于稀释了 2000 倍），最后配置上机溶液。

本次主量元素测试制样在东华理工大学实验室完成，实验仪器型号为 ICP-AES 赛默飞 ICP-AES7000 系列，实验所用试剂为无水偏硼酸锂，纯度为分析纯，实验水为 18.25MΩ/cm 的去离子水。单元素标准储备溶液、混合元素标准储备溶液均购于国家有色金属及电子材料分析测试中心。

3.1.1 玻屑凝灰岩

对条湖组玻屑凝灰岩 16 件样品进行主量元素分析，结果见表 3.1。样品 SiO_2 含量表现出由超基性到酸性的演化过程，SiO_2 的含量在 46.90%~71.11% 之间，平均值为 61.44%；TFe_2O_3 含量为 0.98%~7.71%，Al_2O_3 含量为 4.78%~17.32%，CaO 含量为 0.49%~14.25%，K_2O 的含量为 0.01%~3.54%，MgO 的含量为 0.64%~2.14%，并且大部分 MgO 的百分含量大于 1%，Na_2O 含量为 1.11%~6.76%，TiO_2 含量为 0~0.99%，P_2O_5 含量为 0.10%~0.39%，MnO 含量为 0.01%~0.28%，全碱（Na_2O+K_2O）含量大于 1%，且在 1.26%~8.63% 之间变化。TAS 图（图 3.1）显示条湖组玻屑凝灰岩样品在基性到酸性之间均有分布，并且以中—酸性为主，反映了该区域的火山演化过程。分析数据基本均分布在 Ir 曲线下方，表明条湖组玻屑凝灰岩主要属于亚碱性系列；通过地球化学计算，玻屑凝灰岩的里特曼指数 $\sigma=[\omega(K_2O)+\omega(Na_2O)]^2/[\omega(SiO_2)-43]$ 基本均小于 3，属钙碱性岩系列。

图 3.1 TAS 判别图解

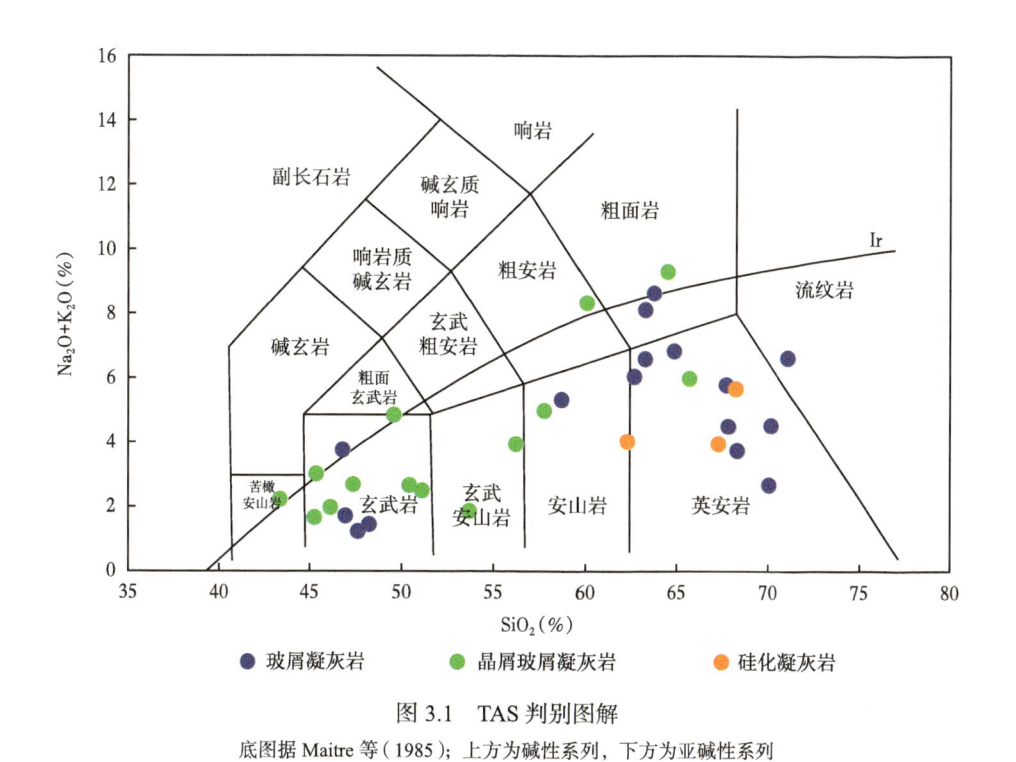

底图据 Maitre 等（1985）；上方为碱性系列，下方为亚碱性系列

3.1.2 晶屑玻屑凝灰岩

对条湖组晶屑玻屑凝灰岩 14 件样品进行主量元素分析，分析结果见表 3.1。样品 SiO_2 的含量在 43.44%~65.80% 之间，平均值为 52.72%；TFe_2O_3 含量为 1.23%~10.11%，Al_2O_3 含量为 6.00%~19.15%，CaO 含量为 0.26%~3.69%，K_2O 的含量为 0.04%~2.90%，MgO 的含量为 0.33%~2.73%，Na_2O 含量为 0.99%~7.94%，TiO_2 含量为 0.08%~1.07%，P_2O_5 含量为 0.11%~0.30%，MnO 含量为 0.03%~0.19%，全碱（Na_2O+K_2O）含量为 1.66%~9.30%。TAS 图（图 3.1）显示条湖组晶屑玻屑凝灰岩样品在超基性到酸性之间均有分布，并且以基性—中性为主。测试结果基本分布在 Ir 曲线下方，并且里特曼指数大部分小于 3，表明条湖组晶屑玻屑凝灰岩主要为钙碱性岩系列。

3.1.3 硅化凝灰岩

条湖组硅化凝灰岩样品主量元素特征见表 3.1，SiO_2 的含量在 62.43%~68.39% 之间，TFe_2O_3 含量为 3.49%~8.27%，Al_2O_3 含量为 10.63%~15.52%，CaO 含量为 0.80%~4.60%，K_2O 含量为 0.08%~2.97%，MgO 的含量为 1.25%~2.77%，Na_2O 含量为 1.12%~3.90%，TiO_2 含量为 0.35%~0.64%，P_2O_5 含量为 0.11%~0.23%，MnO 含量为 0.09%~0.27%。TAS 图中，硅化凝灰岩原岩主要为酸性火山沉积岩，并且里特曼指数小于 3，属于钙碱性岩系列。

表 3.1 条湖组凝灰岩主量元素分析结果

样品编号	岩性	SiO$_2$ (%)	TFe$_2$O$_3$ (%)	Al$_2$O$_3$ (%)	CaO (%)	K$_2$O (%)	MgO (%)	Na$_2$O (%)	TiO$_2$ (%)	P$_2$O$_5$ (%)	MnO (%)	总计 (%)
XJ002	玻屑凝灰岩	67.84	0.98	14.59	0.90	3.54	1.48	2.23	0.17	0.10	0.01	91.85
XJ036	玻屑凝灰岩	63.44	7.71	17.32	0.71	1.33	1.70	6.76	0.76	0.17	0.10	100.00
XJ041	玻屑凝灰岩	70.15	2.56	5.45	3.81	0.73	0.64	2.01	0.19	0.15	0.17	85.87
XJ045	玻屑凝灰岩	63.85	4.65	14.62	0.61	3.06	1.67	5.57	0.55	0.17	0.10	94.84
XJ046	玻屑凝灰岩	62.77	6.24	12.25	5.44	1.44	1.69	4.60	0.71	0.14	0.26	95.55
XJ070	玻屑凝灰岩	58.86	4.61	12.99	1.12	2.03	1.47	3.31	0.61	0.23	0.22	85.44
XJ071	玻屑凝灰岩	71.11	4.36	12.99	0.52	1.84	1.08	4.77	0.59	0.16	0.14	97.57
XJ075	玻屑凝灰岩	70.26	5.34	10.20	3.91	0.72	0.97	3.82	0.30	0.26	0.21	95.99
XJ077	玻屑凝灰岩	64.99	6.89	13.79	4.84	1.27	1.64	5.56	0.40	0.39	0.23	100.00
XJ080	玻屑凝灰岩	63.38	6.70	15.45	3.26	2.88	1.80	3.71	0.71	0.29	0.28	98.44
XJ083	玻屑凝灰岩	68.44	7.52	17.19	0.51	2.00	2.14	1.75	0.11	0.28	0.08	100.00
XJ095	玻屑凝灰岩	47.08	2.21	8.34	2.06	0.32	0.85	1.42	0.22	0.20	0.06	62.77
XJ096	玻屑凝灰岩	47.73	3.07	7.72	14.25	0.16	1.18	1.11	0.09	0.26	0.25	75.82
XJ109	玻屑凝灰岩	67.94	4.56	13.82	0.49	0.75	1.60	3.77	0.53	0.17	0.13	93.76
XJ116	玻屑凝灰岩	48.34	2.13	4.78	2.20	0.01	0.74	1.47	0.00	0.31	0.06	60.03
XJ138	玻屑凝灰岩	46.90	3.44	12.09	2.55	0.62	1.09	3.17	0.33	0.22	0.05	70.46
XJ029	晶屑玻屑凝灰岩	65.80	6.18	18.61	0.78	2.90	1.98	3.08	0.41	0.16	0.10	100.00
XJ037	晶屑玻屑凝灰岩	57.85	6.09	16.22	1.67	2.28	1.60	2.69	0.80	0.15	0.06	89.41
XJ038	晶屑玻屑凝灰岩	60.11	6.67	19.15	0.94	1.70	1.49	6.62	1.07	0.20	0.08	98.03
XJ066	晶屑玻屑凝灰岩	49.76	3.48	11.91	0.91	2.06	1.18	2.78	0.62	0.16	0.13	73.01
XJ068	晶屑玻屑凝灰岩	56.33	5.42	9.45	3.56	0.41	1.07	3.54	0.25	0.30	0.15	80.47
XJ078	晶屑玻屑凝灰岩	50.54	1.91	7.90	0.26	0.28	0.59	2.38	0.29	0.11	0.06	64.33
XJ079	晶屑玻屑凝灰岩	64.66	1.23	17.23	0.84	1.36	0.33	7.94	0.10	0.17	0.04	93.90
XJ087	晶屑玻屑凝灰岩	51.11	4.45	13.51	1.65	1.13	1.72	1.37	0.44	0.26	0.09	75.74
XJ088	晶屑玻屑凝灰岩	45.40	5.06	12.89	2.19	0.65	1.80	1.01	0.52	0.17	0.09	69.79
XJ089	晶屑玻屑凝灰岩	53.85	10.11	13.94	1.79	0.84	2.73	0.99	0.59	0.16	0.19	85.20
XJ099	晶屑玻屑凝灰岩	46.26	1.36	6.00	2.16	0.07	0.46	1.93	0.08	0.20	0.03	58.53
XJ101	晶屑玻屑凝灰岩	45.49	1.71	8.61	1.45	0.04	0.57	2.99	0.23	0.14	0.03	61.26
XJ111	晶屑玻屑凝灰岩	43.44	1.66	7.49	1.26	0.07	0.43	2.17	0.17	0.19	0.10	56.98
XJ122	晶屑玻屑凝灰岩	47.43	6.28	10.85	3.69	0.61	0.69	2.09	0.40	0.22	0.03	72.27
XJ009	硅化凝灰岩	62.43	3.49	10.63	4.60	2.97	1.75	1.12	0.56	0.11	0.09	87.76
XJ081	硅化凝灰岩	68.39	4.20	15.52	1.06	2.62	1.25	3.08	0.64	0.18	0.18	97.12
XJ107	硅化凝灰岩	67.52	8.27	11.72	0.80	0.08	2.77	3.90	0.35	0.23	0.27	95.92

3.2 古沉积环境特征

3.2.1 样品采集与测试

本节样品全部采于三塘湖盆地条湖组，采样涉及井位有芦104H井（导眼）、马55井、马56-133H井、马56井、马702井、马56-15H井、马7井、马56-12H井、芦102H井、马62H井和条27井。样品岩性包括粉晶白云岩、凝灰质砂岩系列、斑脱岩和凝灰岩，主要为凝灰岩。本次分析测试主要以条湖组凝灰岩碳氧同位素为研究对象。

凝灰岩碳氧同位素测试于长江大学地球科学学院实验中心完成，样品数量为45件，选取样品为新鲜样品，避开溶蚀孔洞发育岩层，避开裂缝及方解石脉发育部位，从而降低蚀变成岩作用、后期流体侵入等作用对同位素组分的影响，提高测试数据反映沉积条件的准确度。实验检测依据《有机物和碳酸盐岩碳、氧同位素分析方法》（SY/T 5238—2019），检测仪器为同位素比质谱仪 Delta V Advantage SN09017D，检测环境温度为26℃，湿度为60%RH。

3.2.2 碳氧同位素特征

碳酸盐岩中的稳定同位素作为重要的地球化学指标，能够反映地质历史时期的古沉积相（腾格尔等，2005）。在同一地质时期形成的地层中，碳酸盐岩的碳同位素组成变化具有时间相同、分布广泛且相似的特点，所以碳同位素在地层学中的应用可以跨越整个地质年代（刘安等，2021）。

条湖组凝灰岩碳氧同位素以PDB标准报出，$\delta^{13}C$的偏差为0.099‰，$\delta^{18}O$的偏差为0.130‰。地质历史时期海相碳酸盐岩的$\delta^{13}C$分布范围在-5‰~5‰之间，$\delta^{18}O$分布范围在-10‰~-2‰之间（陈锦石等，1983），条湖组凝灰岩$\delta^{13}C$值的分布范围为-17.268‰~11.154‰，平均为-1.684‰，除了5个数值外，其余40个数值均位于中国湖相碳酸盐岩$\delta^{13}C$值-10‰~10‰之间（梁俊红等，2022），表明测试数值有效。条湖组碳酸盐岩$\delta^{18}O$相对海相碳酸盐岩而言明显偏低，$\delta^{13}C$正值的原因可能是湖底热泉及区域性火山作用的影响（曹高社等，2019）。条湖组凝灰岩$\delta^{18}O$值位于-24.517‰~-6.455‰之间，均为负值，^{18}O亏损强烈，可能是条湖组沉积期湖泊有大量的淡水注入，水中溶解的无机碳与大气CO_2之间的不平衡导致或是受到区域后期成岩流体的影响。

碳、氧同位素有效性检验有多种方法，最常用的是碳、氧同位素的相关性判断，通常认为$\delta^{18}O$与$\delta^{13}C$相关性越差，碳、氧同位素受到成岩作用影响的程度越小，则基本保留了原始碳、氧同位素组成（严兆彬等，2005）。以$\delta^{18}O$为横坐标，$\delta^{13}C$为纵坐标建立坐标系，对数据进行投点来识别湖泊类型。从$\delta^{18}O—\delta^{13}C$数据的相关性分布情况来看（图3.2），碳氧相关性系数为0.195，显示基本不相关或相关性不明显，表明湖相碳酸盐岩基本保持了原始的碳、氧同位素信息（郝松立等，2011），可以用于地层沉积古环境的解释。在开放型湖泊中，湖泊发育排泄出口，湖水滞留时间短，自生碳酸盐岩碳、氧同位素组成控制的影响因素不同，二者相对独立，不相关或相关性差（刘传联等，2001；郭福生等，2003；伊海生等，2007）；在封闭型湖泊中，湖水滞留时间长，$\delta^{13}C$和$\delta^{18}O$密切相关，相关系数一般大于0.5（Talbot et al.，1990），且相关系数越高，封闭性越好（黄子晗等，2022）。刘传联等（2001）研究认为，封闭型湖泊中，$\delta^{13}C$和$\delta^{18}O$的相关系数一般大于0.7，封闭性越强，相关系数越大。苏玲等（2017）总结认为，$\delta^{13}C$和$\delta^{18}O$无相关性，且$\delta^{13}C$多为负值，指示了开放型淡水湖泊环境。条湖组凝灰岩碳、氧同位素的相关系数为0.195，远小于上述数值，研究区的碳、氧同位素组成分布特征与开放型环境较为接近，故认为条湖组凝灰岩沉积环境为开放型或封闭性极差的湖泊沉积。

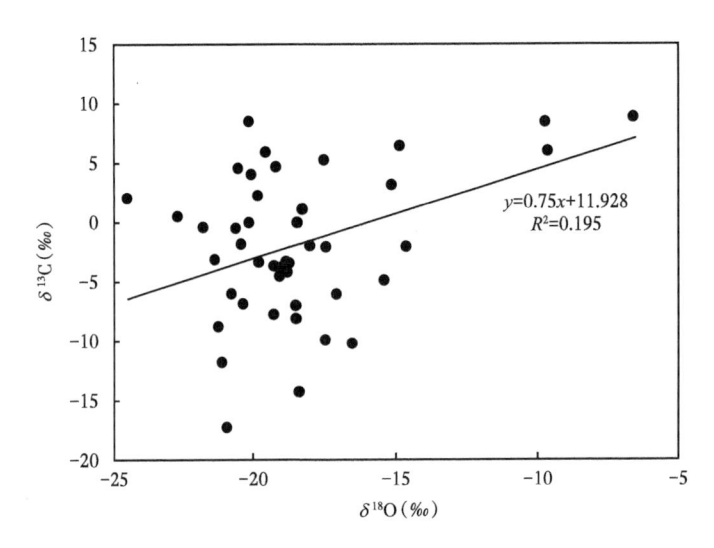

图3.2 条湖组凝灰岩 $\delta^{18}O$—$\delta^{13}C$ 同位素相关性

古盐度对沉积环境的恢复也有着重要的意义。研究表明，碳同位素值越大，与之对应的沉积环境的海水盐度值就越大（王春林等，2020）。Epstein等（1953）认为，假定海水温度不变的情况下，$\delta^{18}O$的变化可认为是盐度的变化。Keith等（1964）认为碳酸盐岩中的碳同位素也随盐度的变化而变化。淡水中的$\delta^{13}C$主要来自土壤和腐殖质，而土壤与腐殖质中的$\delta^{13}C$呈高负值，因此淡水环境的$\delta^{13}C$的含量很低（任影等，2016；刘雅利等，2017；牛君等，2017）。Keith等（1964）研究提出了基于碳酸盐岩$\delta^{18}O$—$\delta^{13}C$的盐度公式Z，即$Z=2.048\times(\delta^{13}C+50)+0.498\times(\delta^{18}O+50)$，式中$\delta^{13}C$、$\delta^{18}O$的取值采用PDB标准；当$Z<120$时，认为其形成于淡水环境（陆相成岩环境）；当$Z>120$时，则认为其形成于海洋沉积环境。将研究区$\delta^{13}C$、$\delta^{18}O$测试数值带入以上公式计算出各样品的古盐度Z值，结果见表3.2。分析结果可知，条湖组凝灰岩Z值在81.50~146.93之间，大部分数值小于120，平均为114.81，表明条湖组凝灰岩主要形成于淡水环境中。

图3.3显示，条湖组凝灰岩碳、氧同位素曲线波动频繁，且波动幅度较大。碳、氧同位素曲线在2850~2900m阶段明显偏负，随后快速正偏，可能是短期内区域雨水爆发，注入了大量淡水导致；随后碳、氧同位素总体呈缓慢偏负趋势。在2150~2275m阶段，研究区可能气候干旱或是注入的湖水长时间滞留，导致湖水中$\delta^{18}O$、$\delta^{13}C$大幅度正偏，随后区域环境逐渐恢复正常。在1800m之后沉积阶段，碳同位素逐渐偏负，氧同位素基本保持一致，原因可能是湖泊生物的降解或湖泊水体深度的增加（梁俊红等，2022）。条湖组凝灰岩$\delta^{18}O$部分严重偏负的原因可能还与成岩作用有关，虽然氧同位素受到了一定影响，

但整体数据趋势性保持良好。

以上数据分析表明，条湖组凝灰岩沉积期，区域环境变化频繁，古温度变化较大，可能受区域火山旋回（马剑等，2016）及晚海西期挤压作用影响导致，表明条湖组沉积环境为浅湖—半深湖的淡水—弱咸水沉积。

表 3.2　条湖组凝灰岩主量元素分析结果

实验编号	原始编号	井号	深度（m）	岩性	$\delta^{13}C$（‰）	$\delta^{18}O$（‰）	Z
20221107-2	XJ002	芦104H井（导眼）	2123.30	玻屑凝灰岩	-1.98	-17.98	114.30
20221107-3	XJ008	芦104H井（导眼）	2125.20	晶屑玻屑凝灰岩	5.19	-17.51	129.20
20221107-4	XJ009	芦104H井（导眼）	2125.47	硅质凝灰岩	4.52	-20.54	126.32
20221107-5	XJ015	芦104H井（导眼）	2142.18	白云质凝灰岩	1.98	-24.52	119.14
20221107-9	XJ029	马55井	2267.30	晶屑玻屑凝灰岩	-6.01	-20.78	104.64
20221107-12	XJ036	马55井	2476.86	玻屑凝灰岩	1.05	-18.27	120.34
20221107-13	XJ037	马55井	2478.10	晶屑玻屑凝灰岩	-0.07	-18.45	117.96
20221107-14	XJ038	马55井	2479.16	晶屑玻屑凝灰岩	-3.44	-18.73	110.94
20221107-15	XJ041	马56-133H井	2650.56	油迹玻屑凝灰岩	8.47	-20.13	134.62
20221107-16	XJ045	马56井	2142.90	油迹玻屑凝灰岩	-3.33	-19.77	110.64
20221107-17	XJ046	马56井	2143.70	油迹玻屑凝灰岩	2.24	-19.85	122.00
20221107-18	XJ049	马56井	2670.42	玻屑凝灰岩	8.30	-9.72	139.46
20221107-19	XJ060	马702井	2189.83	纹层状灰质凝灰岩	11.15	-6.46	146.93
20221107-20	XJ061	马702井	2195.40	玻屑凝灰岩	6.00	-9.62	134.79
20221107-21	XJ066	马56-15H井	2247.50	晶屑玻屑凝灰岩	-8.13	-18.49	101.45
20221107-22	XJ068	马56-15H井	2249.46	晶屑玻屑凝灰岩	5.87	-19.55	129.59
20221107-23	XJ070	马56-15H井	2251.08	玻屑凝灰岩	-3.31	-18.84	111.14
20221107-24	XJ071	马56-15H井	2252.40	玻屑凝灰岩	-6.10	-17.12	106.28
20221107-25	XJ075	马56-15H井	2260.33	玻屑凝灰岩	-4.93	-15.40	109.53
20221107-26	XJ077	马56-15H井	2264.62	玻屑凝灰岩	-6.98	-18.48	103.80
20221107-27	XJ078	马56-15H井	2259.33	晶屑玻屑凝灰岩	-4.27	-18.78	109.20

续表

实验编号	原始编号	井号	深度（m）	岩性	$\delta^{13}C$（‰）	$\delta^{18}O$（‰）	Z
20221107-28	XJ079	马56-15H井	2266.83	晶屑玻屑凝灰岩	-2.08	-14.64	115.75
20221107-29	XJ080	马56-15H井	2268.05	玻屑凝灰岩	-10.19	-16.52	98.21
20221107-30	XJ081	马56-15H井	2268.55	硅化凝灰岩	-7.81	-19.28	101.71
20221107-31	XJ083	马7井	1485.64	玻屑凝灰岩	-6.88	-20.35	103.08
20221107-33	XJ087	马7井	1540.81	晶屑玻屑凝灰岩	-0.60	-20.63	115.81
20221107-34	XJ088	马7井	1542.84	晶屑玻屑凝灰岩	-0.05	-20.13	117.18
20221107-35	XJ089	马7井	1544.02	晶屑玻屑凝灰岩	-1.91	-20.42	113.23
20221107-36	XJ094	马7井	1789.67	玻屑凝灰岩	-0.50	-21.81	115.42
20221107-37	XJ095	马7井	1790.87	玻屑凝灰岩	4.64	-19.20	127.23
20221107-38	XJ096	马7井	1791.00	玻屑凝灰岩	3.99	-20.08	125.47
20221107-39	XJ099	马7井	1884.20	晶屑玻屑凝灰岩	-11.76	-21.11	92.71
20221107-40	XJ101	马7井	1887.18	晶屑玻屑凝灰岩	0.47	-22.72	116.94
20221107-41	XJ107	马56-12H井	2117.64	硅化凝灰岩	-3.17	-21.39	110.16
20221107-42	XJ109	马56-12H井	2119.72	玻屑凝灰岩	-8.80	-21.26	98.69
20221107-43	XJ111	马56-12H井	2122.69	晶屑玻屑凝灰岩	-2.09	-17.46	114.33
20221107-44	XJ114	马56-12H井	2125.03	硅化凝灰岩	-4.55	-19.06	108.50
20221107-45	XJ116	马56-12H井	2126.54	玻屑凝灰岩	-3.78	-19.02	110.08
20221107-46	XJ118	马56-12H井	2129.65	玻屑凝灰岩	-9.95	-17.48	98.23
20221107-47	XJ122	芦102H井	2864.67	晶屑玻屑凝灰岩	3.10	-15.15	126.11
20221107-48	XJ123	芦102H井	2868.79	晶屑玻屑凝灰岩	6.48	-14.85	133.16
20221107-50	XJ128	马62H井	2824.80	玻屑凝灰岩	8.80	-6.59	142.04
20221107-52	XJ136	条27井	2850.75	沉凝灰岩	-14.39	-18.41	88.66
20221107-53	XJ137	条27井	2851.32	玻屑凝灰岩	-17.27	-20.95	81.50
20221107-54	XJ138	条27井	2851.52	玻屑凝灰岩	-3.74	-19.27	110.05

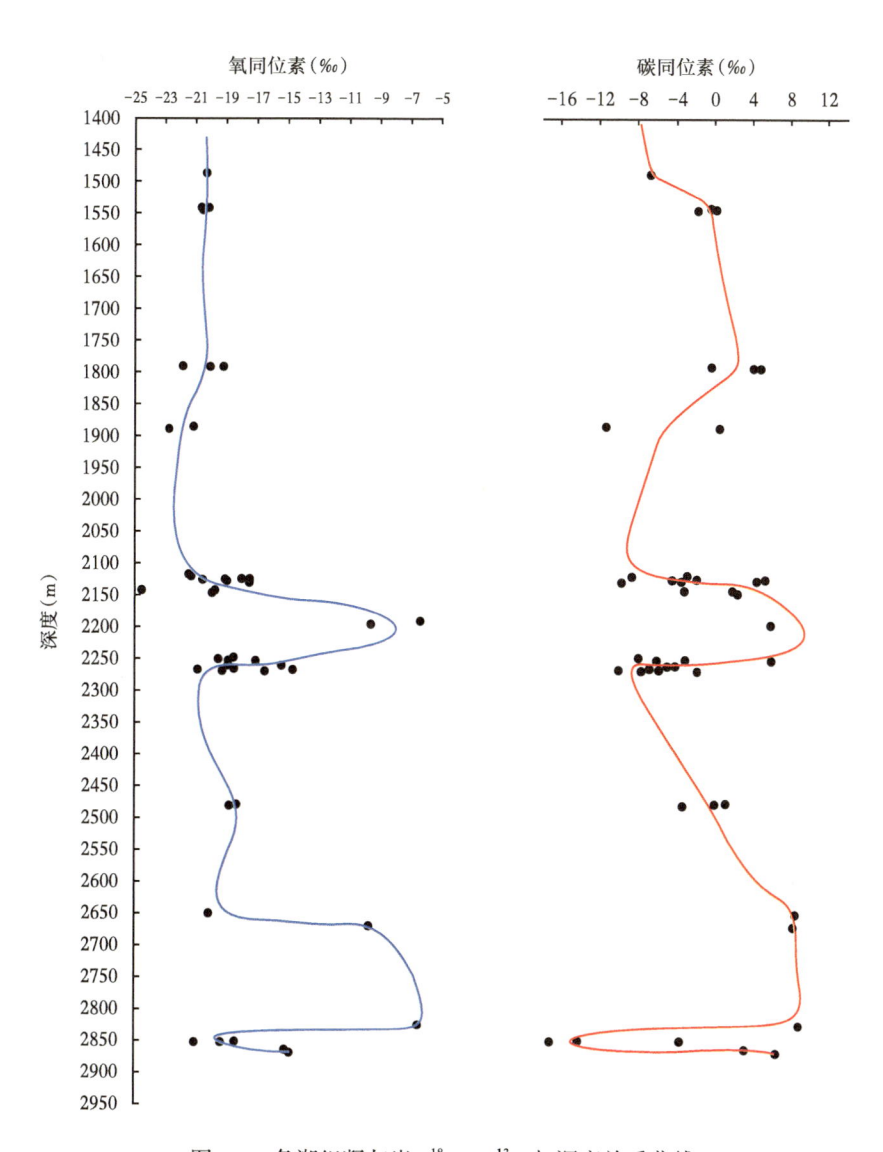

图 3.3　条湖组凝灰岩 $\delta^{18}O$、$\delta^{13}C$ 与深度关系曲线

4 凝灰岩储层特征

凝灰岩致密油藏作为致密油藏的特殊类型，在储层成岩作用和孔隙形成与演化机制及其控制因素方面，与碎屑岩储层特征及控制因素差异明显。研究区条湖组凝灰岩储层岩性多样，包括玻屑凝灰岩、晶屑玻屑凝灰岩、硅化凝灰岩和泥质凝灰岩，同时见含硅藻玻屑凝灰岩、班脱岩等，不同岩性储层特征差异显著。基于条湖组不同岩性凝灰岩深入开展储层特征和孔隙演化研究，对探究条湖组凝灰岩致密油藏形成机理、预测优质储层均具有重要的指导意义。

4.1 凝灰岩微观孔隙特征

根据研究区条湖组储层储集空间的特点及前人研究，条湖组凝灰岩为致密储层，普通岩石薄片难以观察到孔隙，其微观孔隙形成机理尤其特殊。借助铸体薄片，结合扫描电镜（SEM）、CT扫描和工业核磁共振等手段，条湖组凝灰岩储集空间分为孔隙和裂缝两种类型。值得注意的是条湖组凝灰岩发育了大量脱玻化孔，脱玻化孔是细粒火山物质构成的凝灰岩中玻璃质组分发生脱玻化作用所产生的微孔隙。脱玻化过程包括玻璃质的一系列地球化学作用，形成另一种物质时体积变小，以至于形成大量的微孔隙。条湖组凝灰岩微小孔隙发育，且孔隙数量巨大，单个孔隙特征参数多以微米、纳米级为主。参照 Loucks 等（2012）对非常规泥页岩的分类方案，孔隙可以分为矿物粒间孔、矿物粒内孔和有机质孔三类；其中，粒间孔和粒内孔具有脱玻化孔特征。同时，经薄片、岩心观察，条湖组储层多发育高角度裂缝，统计的 126 条裂缝中，裂缝宽度在 0.2~10mm 之间，集中分布在 2~8mm 之间，且观察到的开启裂缝多富含残留油，部分被充填，是重要的运移通道。

4.1.1 粒间孔

火山灰是粒径小于 2mm 的火山碎屑物。地质历史时期，火山灰也常与富有机质沉积物相伴生。条湖组凝灰岩中火山灰丰富，与有机质、碳酸盐形成多种纹层结构。火山灰沉积后多已蚀变，原始结构不易识别，主要通过自生石英晶体、尖棱或长条状长石晶屑等残留结构和蚀变矿物特征判断。由于火山灰的成层分布，脱玻化孔可大面积分布，数量可观，且连通性较好。凝灰岩是火山灰经固结压实作用形成的，火山玻璃质是岩浆快速冷却条件下形成的极其不稳定的混合组分，在埋藏过程中，随着时间、温度和压力的变化会发生强烈的脱玻化作用。当有水介质存在时，经水解脱玻化，其中一部分组分随孔隙水流失，剩余组分发生重结晶转化为雏晶或微晶，进而形成新的矿物。粒间孔为颗粒之间的孔隙，包括原生粒间孔、粒间溶孔、晶间孔等。三塘湖盆地条湖组凝灰岩中发育的粒间孔主要有原生火山颗粒间的孔隙、火山玻璃物质脱玻化形成石英微晶间的晶间孔。

4 凝灰岩储层特征

凝灰岩中矿物之间的粒间孔或微晶之间的晶间孔主要是脱玻化作用形成的，脱玻化作用所形成的脱玻化孔是火山岩特有的成孔机理，占凝灰岩中所有孔隙类型的70%（赵海玲等，2009）。条湖组凝灰岩的岩石学特征分析表明，凝灰岩矿物成分相对单一，主要是石英和长石，含有一定量的黏土矿物（以伊利石和绿泥石为主），利用扫描电镜和CT扫描观察到的微米、纳米级脱玻化孔主要是石英和长石颗粒之间的粒间孔（图4.1a—d），为凝灰岩主要的孔隙类型；虽然条湖组凝灰岩中黏土矿物含量低，但黏土矿物成分以绿泥石为主，绿泥石呈叶片状，叶片之间发育晶间孔（图4.1e、f）。

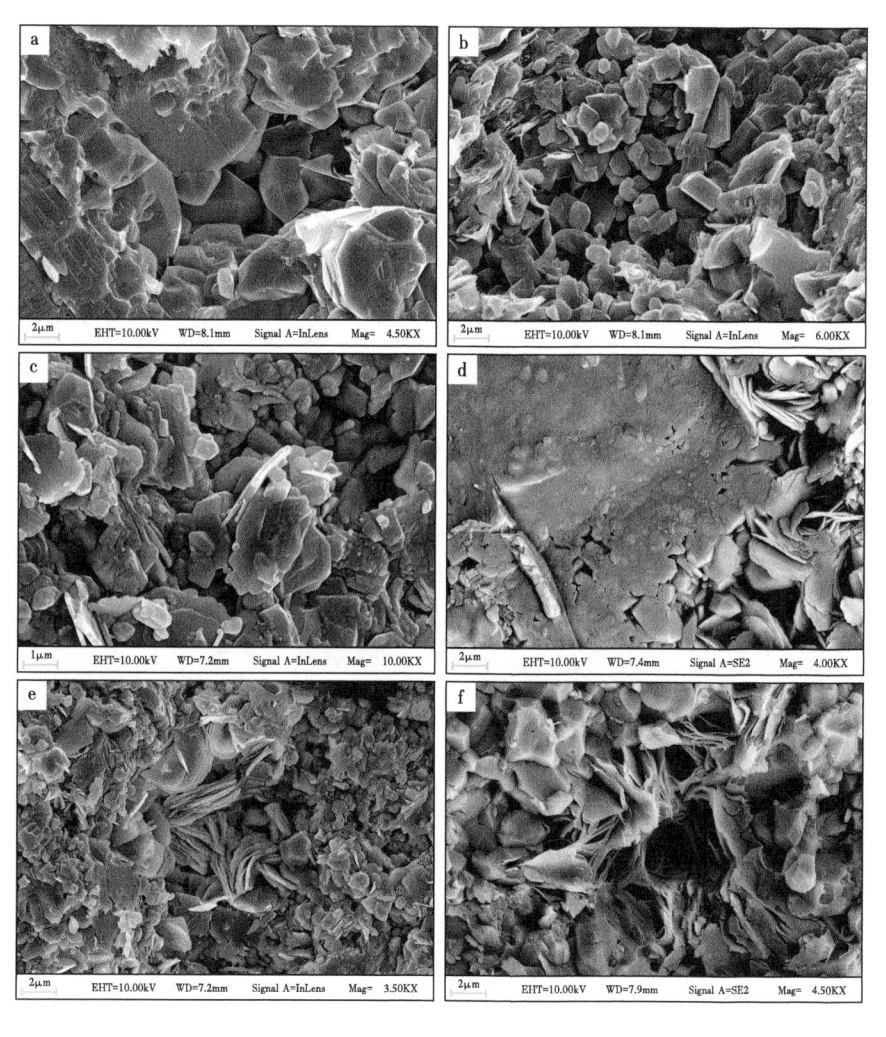

图4.1 条湖组凝灰岩典型粒间孔

a. 脱玻化石英粒间孔，玻屑凝灰岩，马56-15H井，2260.33m；b. 脱玻化微晶钠长石晶间孔，玻屑凝灰岩，马56井，2142.90m；c. 微晶石英、钠长石、伊利石粒间孔，玻屑凝灰岩，马56-133H井，2650.56m；d. 玻屑、硅质、绿泥石粒间孔，玻屑凝灰岩，马56-133H井，2650.56m；e. 绿泥石集合体晶间孔，玻屑凝灰岩，马56-133H井，2650.56m；f. 片状绿泥石晶间孔，玻屑凝灰岩，马56-15H井，2260.33m

4.1.2 粒内孔

研究区条湖组凝灰岩发育的粒内孔主要有长石、方解石、石英溶蚀孔（图4.2a—e），以及黏土矿物集合体中的孔隙（图 4.2f）。溶蚀孔是由储层中微生物产生的有机酸对不稳定矿物的溶蚀作用造成的。常见的是脱玻化作用产物之一的长石矿物或凝灰岩中原生长石晶屑溶蚀形成的溶蚀孔。

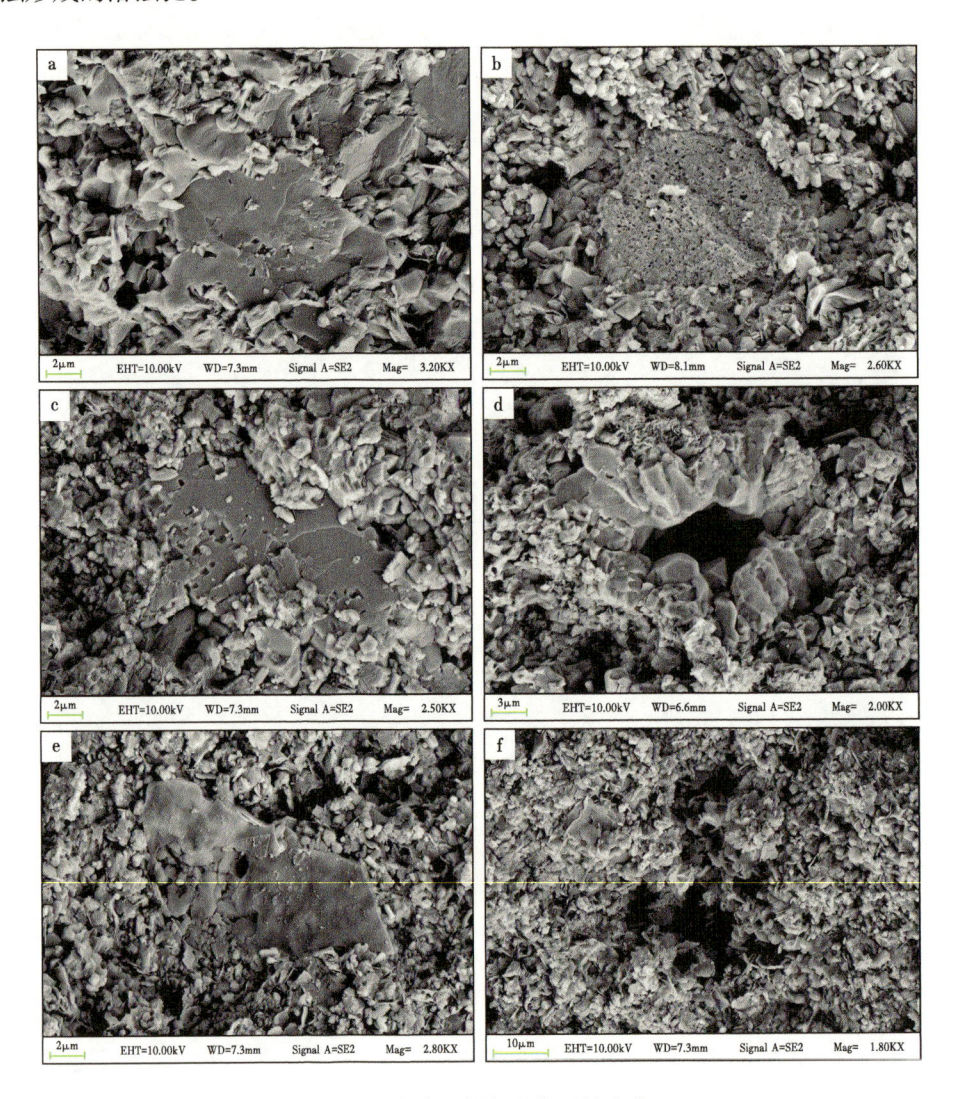

图 4.2 条湖组凝灰岩典型粒内孔

a. 钠长石溶蚀孔，玻屑凝灰岩，马 56-15H 井，2262.33m；b. 磷灰石粒内孔，玻屑凝灰岩，马 56 井，2142.90m；c. 方解石溶蚀孔，玻屑凝灰岩，马 56-133H 井，2650.56m；d. 微晶石英（硅质）呈空心环带状，粒内孔，晶屑玻屑凝灰岩，马 7 井，1887.18m；e. 脱玻化溶蚀孔，玻屑凝灰岩，马 56-133H 井，2650.56m；f. 绿泥石集合体，粒内孔，玻屑凝灰岩，马 56-133H 井，2650.56m

4.1.3 有机质孔

条湖组凝灰岩含有沉积有机质，形成的主要原因可能是火山灰入水后迅速释放营养物质，促进藻类勃发（Lin et al.，2011；Langmann et al.，2010；Delmelle et al.，2007），也不排除火山灰造成了湖泊生物的死亡，导致生烃物质快速埋藏。火山灰的粒度细，比表面积较大，吸附力强，自身也可以大量吸附溶解状和颗粒状的有机质。凝灰岩形成时期马朗凹陷处于较小的湖盆环境，陆源有机质的输入也是重要的。此外，凝灰岩岩心中观察到有黄铁矿，表明水体处于还原环境，有利于有机质的保存（Demaison et al.，1980；Graciansky et al.，1984）。但凝灰岩有机质丰度不高，原因可能是火山灰沉积速率快，20~30m厚的凝灰岩中几乎没有碎屑岩夹层，反映火山灰的集中喷发导致凝灰物质沉积速率很快，沉积速率快对有机质具有稀释作用（Stein，1986，1990）。有机质生烃残留孔是有机质在生烃过程中产生的孔隙，此类孔隙在有机质发育的凝灰岩储层中较多。有机质达到成熟阶段后因生烃而被消耗，体积会缩小，因而能够产生一定量的有机质孔。不同于泥页岩中有机质孔的受关注程度，凝灰岩中有机质孔往往容易被忽略。条湖组凝灰岩中含有一定量的沉积有机质，且主要处于成熟演化阶段，有机质热演化生烃后会残留下来一些碎片状有机质（图4.3a、b）和有机质孔（图4.3c、d）。利用高倍数的扫描电镜观察发现，条湖组凝灰岩中的有机质孔主要呈圆形、椭圆形或不规则状，孔径大小在0.5μm以下，主要是纳米级别的孔隙（图4.3d）。但由于条湖组凝灰岩原始沉积有机质丰度低，而且并不是所有的有机质均含有机质孔，所以，凝灰岩中有机质孔的数量很少，对孔隙度的贡献不大。

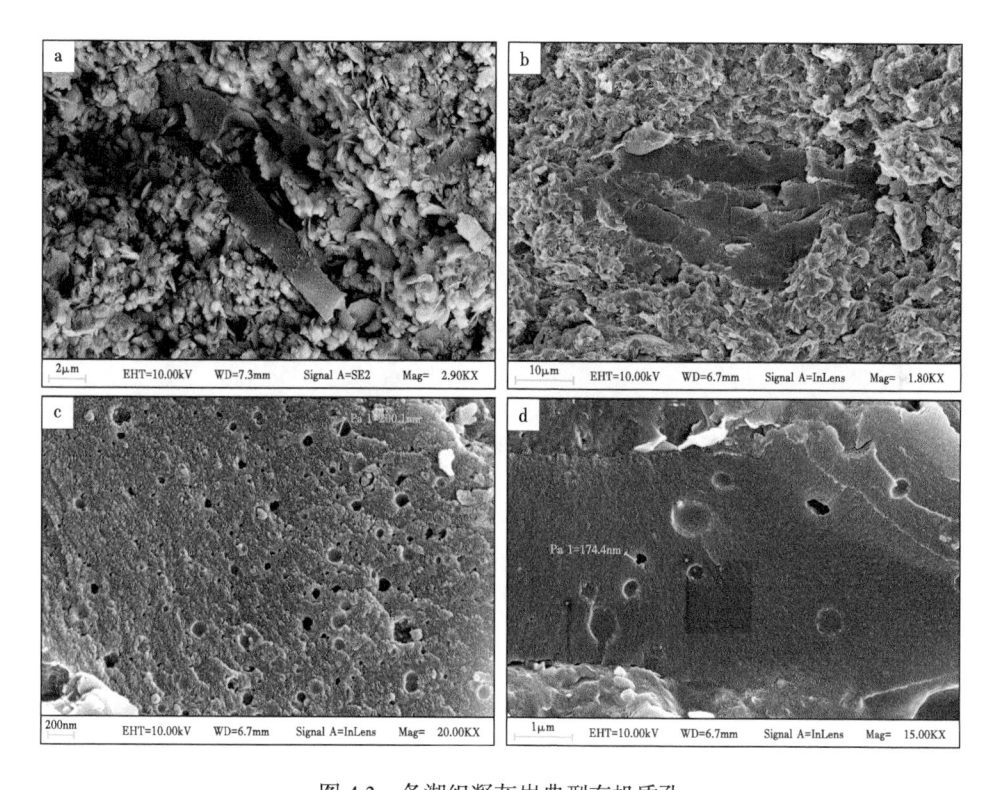

图4.3 条湖组凝灰岩典型有机质孔

a.碎片状有机质，玻屑凝灰岩，马56-133H井，2650.56m；b.晶屑玻屑凝灰岩，芦104H井，2125.2m；c—d.典型有机质孔，晶屑玻屑凝灰岩，芦104H井，2125.2m

4.1.4 裂缝

裂缝能极大地提高烃类的产量，即使有些裂缝是被充填的，但仍然能影响诱导裂缝的生成，对致密油体积压裂具有重要作用（Loucks et al.，2012）。现场岩心编录发现，条湖组凝灰岩岩心裂缝发育，统计的126条裂缝中多为高角度或近垂直的裂缝，60°~80°的裂缝条数占比为49.3%，近直立裂缝占比为2.59%（图4.4a）；裂缝部分被方解石胶结物充填（图4.4b），部分裂缝中富含残留油迹（图4.4c），表明裂缝极可能是烃类重要的运移通道。根据裂缝充填差异，条湖组凝灰岩裂缝可以分为完全充填型裂缝、半充填型裂缝和未充填型裂缝3种类型。

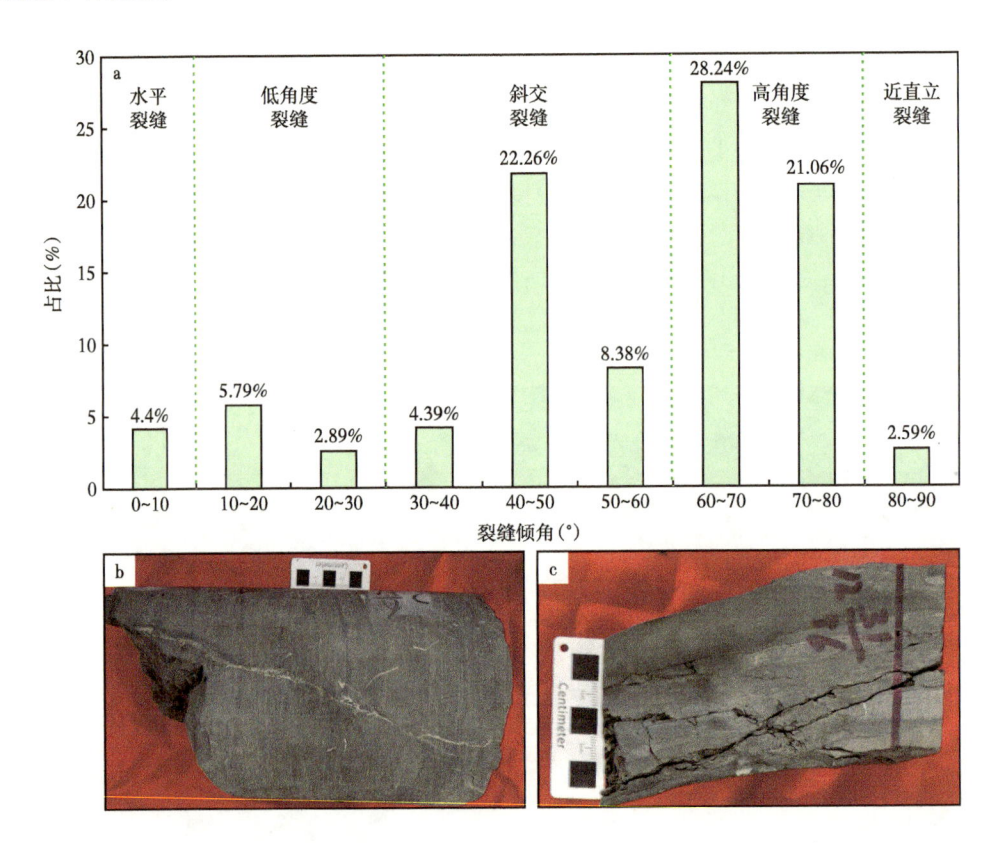

图4.4 条湖组凝灰岩岩心裂缝及角度直方图（统计裂缝为126条）

a. 裂缝角度直方图；b. 裂缝部分被方解石胶结物充填，马55井，2477.75m；c. 部分裂缝中富含残留油迹，芦1井，3130.7m

4.1.4.1 完全充填型裂缝

裂缝分为构造裂缝和成岩裂缝，条湖组完全充填型裂缝主体为构造裂缝，高角度裂缝数量远多于低角度裂缝；裂缝多被后期方解石充填，完全充填型裂缝占统计裂缝的27%，当裂缝被全部充填时就丧失了油气运移和储存的作用。研究区被充填裂缝可发生溶蚀作用或构造作用，即被充填裂缝在后期改造作用下可重新开启，再次开启后有些甚至又被矿物充填（图4.5a、b）。

4.1.4.2 半充填型裂缝

半充填型裂缝占已统计裂缝的55%，是研究区主要的裂缝类型；半充填型裂缝的充填物主要是方解石或沥青，裂缝连通多个裂缝及粒间孔，多含油迹，是良好的运移和渗流通道，具有一定的储集性能。同时，一条裂缝在不同部位可以有一种或几种充填物，确定裂缝的充填程度取决于测量的范围和规模。研究区的裂缝充填物主要包括黏土矿物（绿泥石、伊利石）和碳酸盐矿物（方解石；图4.5c—f）。

4 凝灰岩储层特征

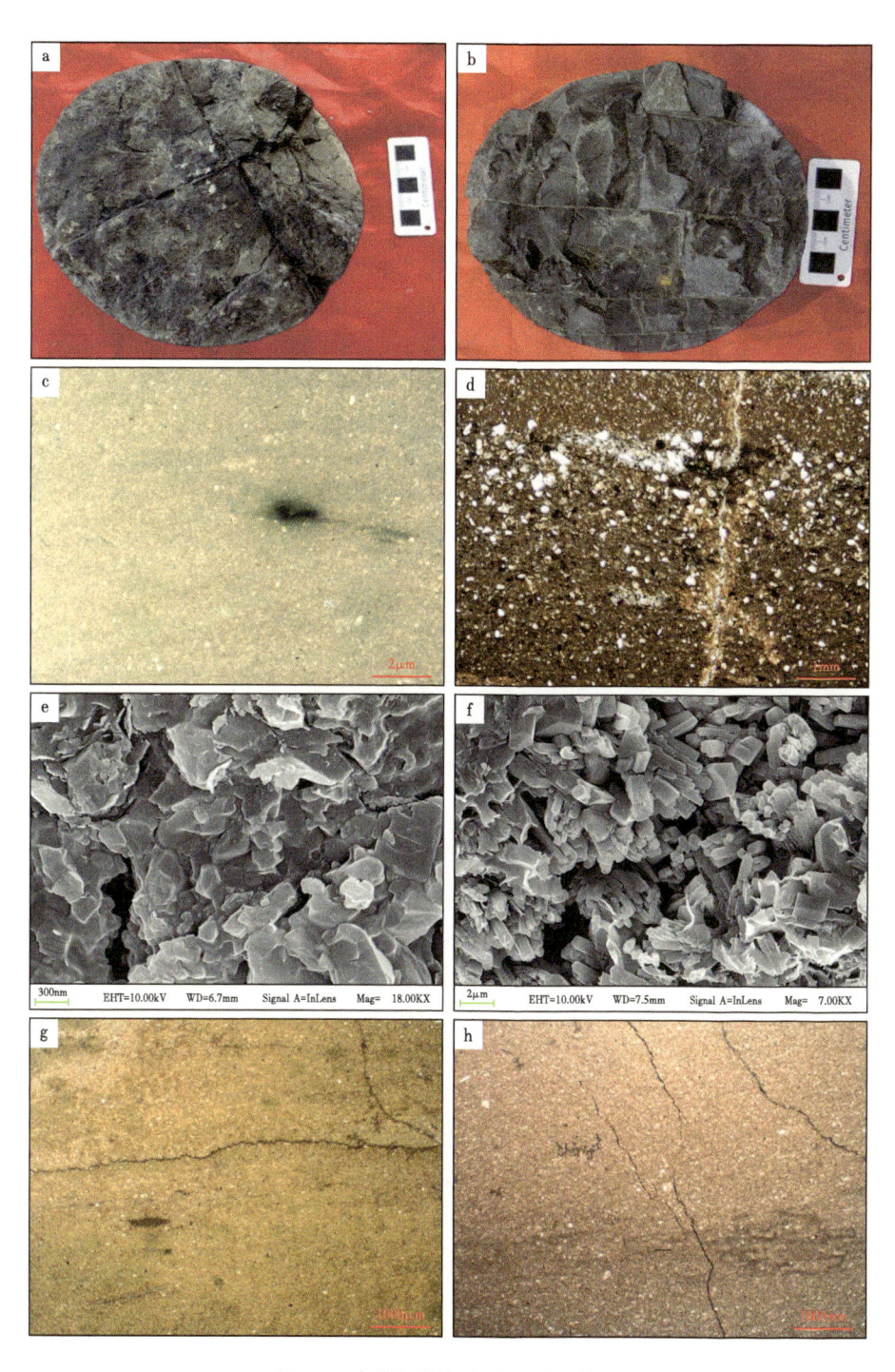

图4.5 条湖组凝灰岩岩心裂缝特征

a. 完全充填型裂缝，马56-12H井，2131.21m；b. 完全充填型裂缝，马55H井，2270.53m；c. 半充填型裂缝，晶屑玻屑凝灰岩，芦104H，2125.2m；d. 半充填型裂缝，硅质凝灰岩，芦104H井，2123.35m；e. 半充填型裂缝，晶屑玻屑凝灰岩，芦104H井，2125.2m；f. 半充填型裂缝，玻屑凝灰岩，马7井，1790.87m；g. 未充填型裂缝，玻屑凝灰岩，马56-12H井，2121.09m；h. 未充填型裂缝，晶屑玻屑凝灰岩，马56-15H井，2247.5m

4.1.4.3 未充填型裂缝

条湖组凝灰岩中未充填型裂缝占已统计裂缝的18%，裂缝可以沟通脱玻化孔和粒间孔，裂缝中富含残留油迹，具有较好的储集能力。同时，扫描电镜还观察到矿物粒内压裂缝、颗粒边缘缝，也属于未充填型裂缝。由于缝壁形成的空间内没有胶结物质，未充填型裂缝是油气流动、运移和聚集的场所之一，大幅度地增加了储层平行于裂缝方向的渗透率（图4.5g、h）。随着充填物的增加，裂缝开始发生局部充填和堵塞，储层孔隙度降低，渗透性变差，对油气运移不利。

根据岩性和薄片资料的观察结果，依据岩心的裂缝性质、裂缝间切割关系及充填程度可以确定裂缝期次，识别出了两到三期裂缝。结合三塘湖盆地海西运动和晚燕山运动两次大规模的构造运动，在海西运动后盆地处于北东—南西向的挤压应力场中，晚燕山期至今，盆地受印度板块和亚欧板块碰撞俯冲产生的近北东—南西向挤压应力。由于这种强侧向构挤压造运动，发育多种构造缝，因此研究区二叠系条湖组的裂缝具有产状多样、期次多样的特点。

4.2 凝灰岩致密储层物性特征

4.2.1 凝灰岩孔渗特征

前期岩石学特征分析表明条湖组凝灰岩主要包括玻屑凝灰岩、晶屑玻屑凝灰岩、硅化凝灰岩和泥质凝灰岩，结合CT扫描和工业核磁共振等手段，对不同岩性凝灰岩的孔隙度、渗透率开展了精细表征，为探究凝灰岩孔隙平面分布规律及预测条湖组凝灰岩优质储层奠定了基础。

凝灰岩的物性直接决定了其储集油气的能力，从实测的条湖组39件凝灰岩样品的孔隙度和渗透率数据统计结果来看（表4.1），条湖组凝灰岩储层具有中高孔的样品数量占比为56.41%，低渗样品占比超过90%，具有明显的中高孔低渗的特点（图4.6）。孔隙度主要分布在5%~20%之间，不同类型凝灰岩孔隙度差异明显，其中玻屑凝灰岩孔隙度最优，表明脱玻化过程对孔隙数量具有明显的积极意义；而硅化凝灰岩孔隙度相对较差，表明硅质胶结对凝灰岩孔隙制约作用明显。实测条湖组凝灰岩样品渗透率多数大于0.1mD，主要分布在0.1~4mD之间，低渗透率特征明显。综合分析发现玻屑凝灰岩和晶屑玻屑凝灰岩物性相对较好，明显优于泥质凝灰岩和硅化凝灰岩。进一步对4类凝灰岩孔隙度和渗透率相关关系分析得出，孔隙度和渗透率均表现出一定的正相关关系，即孔隙度越大，渗透率也越大（图4.7）。这表明脱玻化过程贡献的石英、长石等粒间孔数量虽然可观，但硅质、泥质成分对渗透率制约作用明显，凸显了进一步剖析4类凝灰岩孔隙结构特征的必要性。

表4.1 条湖组凝灰岩孔渗特征统计表

凝灰岩类型	孔隙度（%）	渗透率（mD）	数量（件）
玻屑凝灰岩	5.23~23.79	0.087~3.618	14
晶屑玻屑凝灰岩	5.10~19.64	0.069~0.710	12
泥质凝灰岩	2.32~12.38	0.476~0.821	6
硅化凝灰岩	1.86~9.36	0.124~1.930	7

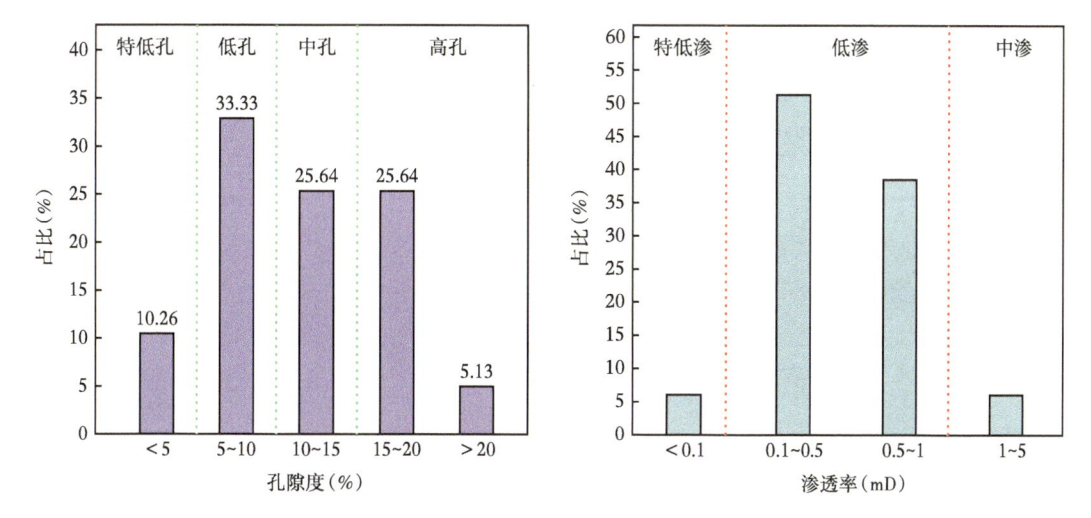

图 4.6 条湖组凝灰岩孔渗特征直方图

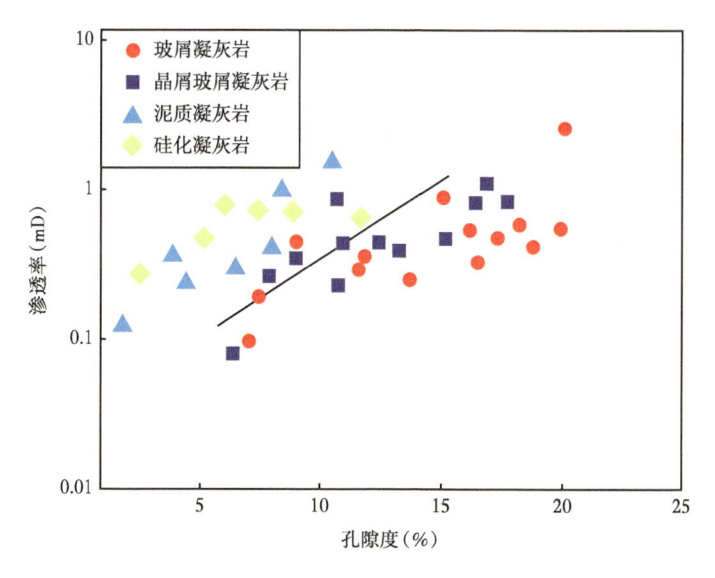

图 4.7 条湖组凝灰岩渗透率和孔隙度关系图

4.2.1.1 玻屑凝灰岩

条湖组玻屑凝灰岩物性最好，孔隙度介于 5.23%~23.79%，孔隙度均大于 5%。气测渗透率平均值大于 0.1mD，分布在 0.087~3.618mD 之间。

4.2.1.2 晶屑玻屑凝灰岩

条湖组晶屑玻屑凝灰岩物性整体上较玻屑凝灰岩差，孔隙度介于 5.10%~19.64%。气测渗透率平均值大于 0.1mD，分布在 0.069~0.710mD 之间。

4.2.1.3 泥质凝灰岩

条湖组泥质凝灰岩物性整体一般，孔隙度介于 2.32%~12.38%。气测渗透率平均值大于 0.1mD，分布在 0.476~0.821mD 之间。

4.2.1.4 硅化凝灰岩

条湖组硅化凝灰岩孔隙度整体最低，孔隙度介于 1.86%~9.36%。气测渗透率平均值大于 0.1mD，分布在 0.124~1.930mD 之间。

4.2.2 凝灰岩孔隙结构特征

岩石的孔隙结构是岩石中孔隙和喉道的数量、大小、几何形态、分布及其连通关系等，是表征岩石储集性能和渗流特征的主要参数。本节结合微米 CT 扫描、工业核磁共振等手段对条湖组不同岩性凝灰岩开展了孔隙结构研究，同时构建了相应的孔隙网络结构模型。重点对条湖组物性相对较好的玻屑凝灰岩、晶屑玻屑凝灰岩开展了精细的孔隙结构特征研究。

4.2.2.1 不同岩性孔隙结构特征

（1）玻屑凝灰岩。

条湖组玻屑凝灰岩最大孔喉半径主要分布在 5~10μm 之间，具有单峰正态分布特征（图 4.8a—c）。

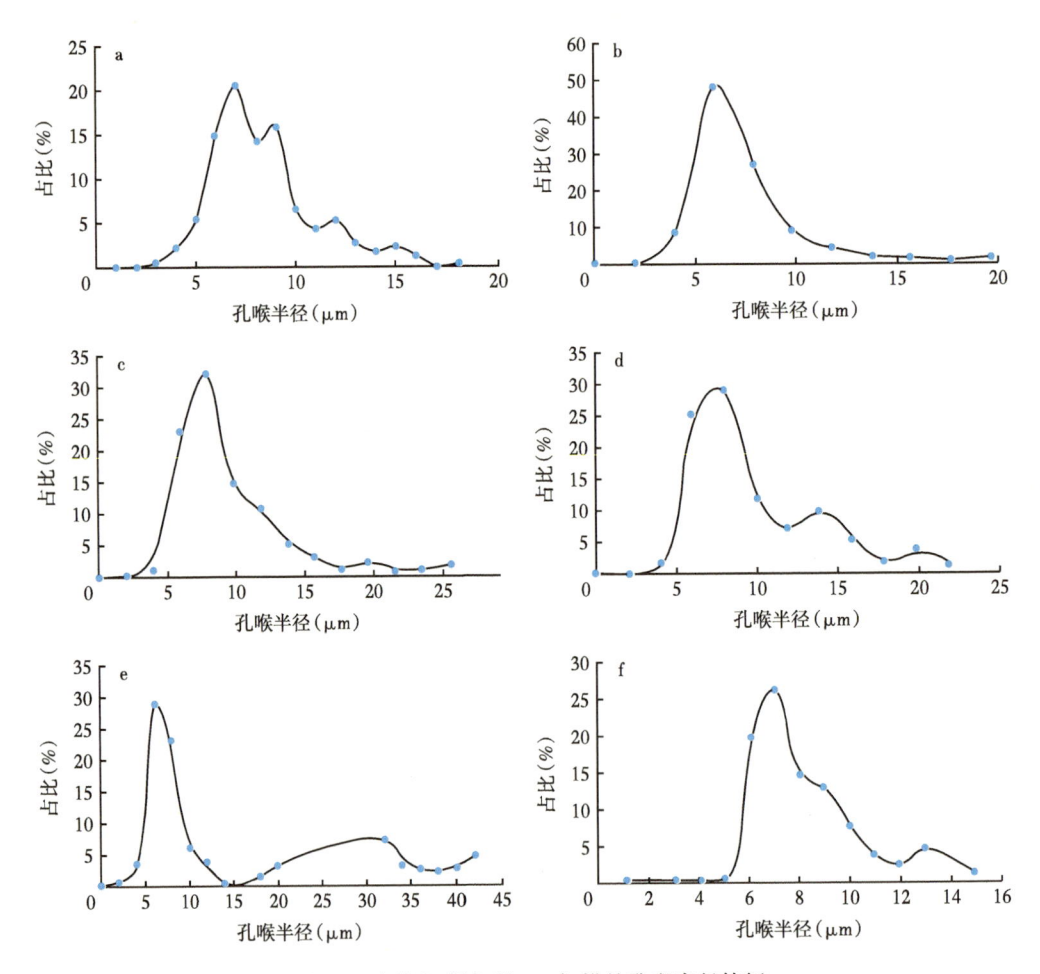

图 4.8 条湖组凝灰岩 CT 扫描的孔喉半径特征

a. 玻屑凝灰岩，马 56 井，2141.80m；b. 玻屑凝灰岩，马 7 井，1789.67m；c. 玻屑凝灰岩，马 56-12H 井，2119.72m；d. 晶屑玻屑凝灰岩，马 56-12H 井，2122.69m；e. 泥质凝灰岩，马 7 井，1788.92m；f. 硅化凝灰岩，马 7 井，1793.10m

（2）晶屑玻屑凝灰岩。

条湖组晶屑玻屑凝灰岩最大孔喉半径主要分布在 5~10μm 和 12~15μm 两个区间，具有双峰分布特征（图 4.8d）。

（3）泥质凝灰岩。

条湖组泥质凝灰岩最大孔喉半径主要分布在 5~10μm 和 20~33μm 两个区间，具有双峰分布特征，孔喉半径相对较大（图 4.8e）。

（4）硅化凝灰岩。

条湖组硅化凝灰岩最大孔喉半径主要分布在 6~12μm 和 13μm 两个区间，具有双峰分布特征（图 4.8f）。

4.2.2.2 玻屑凝灰岩和晶屑玻屑凝灰岩孔隙结构特征

条湖组不同类型凝灰岩微米级 CT 扫描结果表明最大孔喉半径多分布于 5~10μm，获取的硅化凝灰岩、泥质凝灰岩孔喉配位数多小于 3（图 4.9a、b），指示获取的孔隙连通性整体较差；玻屑凝灰岩和晶屑玻屑凝灰岩孔喉配位数相对较大，晶屑玻屑凝灰岩孔喉配位数最高为 6（图 4.9c），玻屑凝灰岩孔喉配位数最高可达 13（图 4.9d），指示了这两类凝灰岩的孔隙连通性相对较好。同时，也突出了进一步开展纳米级孔隙结构研究的必要性。因此，本节利用纳米级工业核磁共振手段，针对物性相对较好的玻屑凝灰岩和晶屑玻屑凝灰岩开展了纳米级孔隙结构研究。

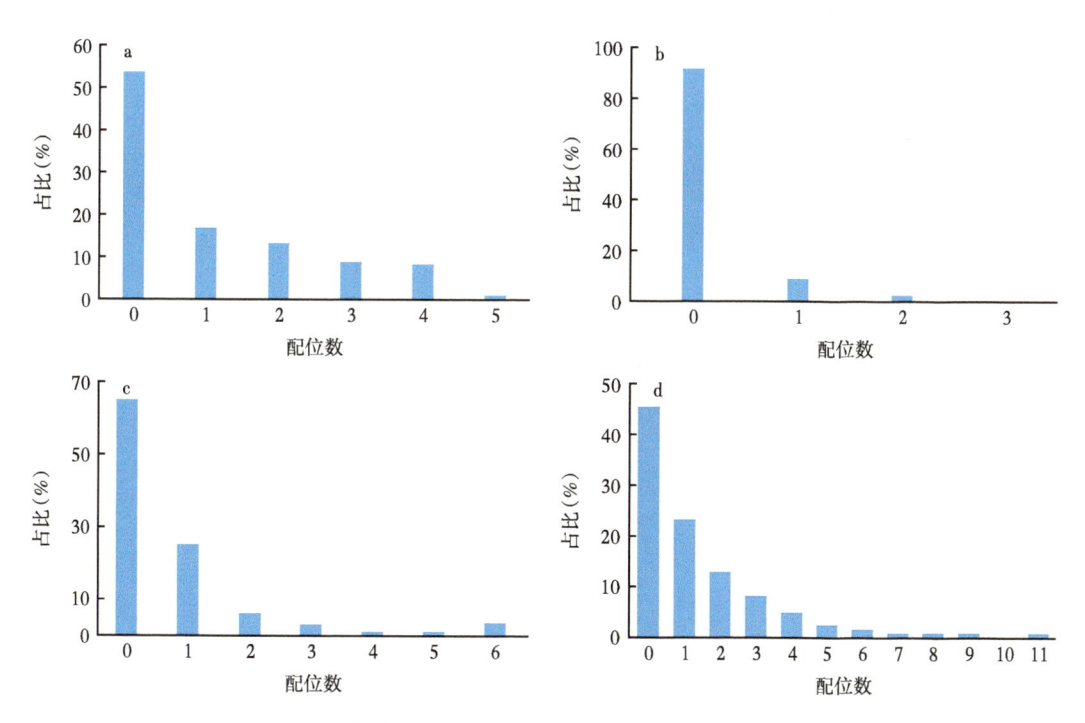

图 4.9 条湖组凝灰岩 CT 扫描的孔喉配位数分布直方图

a. 泥质凝灰岩，马 7 井，1788.92m；b. 硅化凝灰岩，马 7 井，1793.1m；c. 晶屑玻屑凝灰岩，
马 56-2H 井，2122.69m；d. 玻屑凝灰岩，马 56 井，2141.80m

（1）玻屑凝灰岩。

工业核磁共振手段获取的玻屑凝灰岩总孔隙度分布在 3.583%~7.544% 之间。对实测

核磁样品孔隙直径的统计发现，测试的玻屑凝灰岩样品孔隙直径小于500nm的比例高达96%，个别样品接近100%；其中孔喉直径在2~50nm之间的孔隙占比约为50%，属于典型的微孔隙（表4.2）。

表4.2 条湖组玻屑凝灰岩和晶屑玻屑凝灰岩孔渗特征统计表（工业核磁测试）

岩性	钻井	深度（m）	孔径占比（%）					孔隙度（%）		
			0~2nm	2~50nm	50~500nm	500~1000nm	>1000nm	总孔	有效孔	可动孔
玻屑凝灰岩	马56-133H	2650.56	7.641	51.746	39.406	0.322	0.884	6.101	5.635	3.956
	马56	2142.90	11.966	63.718	23.058	0.011	1.247	6.316	5.560	2.891
	马56-15H	2260.33	11.656	46.224	38.129	2.275	1.715	3.583	3.165	2.088
	马56-15H	2262.33	8.995	48.192	40.732	1.170	0.911	4.422	4.024	2.749
	马7	1790.87	21.831	58.599	18.780	0	0.790	7.544	5.897	2.559
晶屑玻屑凝灰岩	芦104H	2125.20	31.468	64.082	1.940	0.543	1.967	3.824	2.621	0.202
	马56-15H	2247.50	33.855	61.494	2.498	0.403	1.750	2.501	1.654	0.116
	马7	1885.30	16.970	71.538	9.569	0.170	1.753	6.376	5.294	1.854
	马7	1887.18	18.751	73.344	6.710	0.101	1.094	6.029	4.899	1.472
	马56-12H	2122.69	6.581	45.022	47.620	0.497	0.280	9.029	8.435	6.248

（2）晶屑玻屑凝灰岩。

条湖组晶屑玻屑凝灰岩总孔隙度分布在2.501%~9.029%之间。对实测核磁样品孔隙直径的统计发现，测试的晶屑玻屑凝灰岩样品孔隙直径小于500nm的比例高达97%以上，个别样品接近100%，其中孔隙直径在2~50nm之间的孔隙占比约为50%，属于典型的微孔隙（表4.2）。

综合CT扫描和工业核磁共振测试结果，进一步证实了条湖组凝灰岩具有中孔低渗的特征。孔隙直径普遍小于500nm，属于典型的微孔隙。

4.2.3 凝灰岩脱玻化孔的主要控制因素

研究区的凝灰岩碎屑类型以玻屑为主，而玻屑的主要成分为玻璃质，是一种极不稳定的组分，处于热力学不稳定状态，因而火山玻璃总是趋于向晶体方向转化，即脱玻化作用。凝灰岩脱玻化作用形成的单个微孔孔隙体积很小，但数量巨大。凝灰岩储层高孔低渗特征的形成就与含沉积有机质凝灰岩脱玻化作用有关，脱玻化形成的单个粒间孔体积小但数量巨大造成了凝灰岩总孔隙度较高。脱玻化的过程包括玻璃质的重结晶、溶解—沉淀、金属离子的迁移转化等地球化学作用，这一系列的作用过程中也伴随着新矿物的产生和微孔隙的形成。上述物性分析表明，条湖组凝灰岩物性相对较好的为晶屑凝灰岩和晶屑玻屑凝灰岩，这两类凝灰岩以发育大量脱玻化孔为特征；由此，结合脱玻化形成机理及该区地质条件，马朗凹陷条湖组凝灰岩脱玻化孔受到以下因素的影响。

（1）酸性火山玻璃易于脱玻化。从结晶学的角度分析，酸性岩浆中SiO_2含量高。与基性岩相比，酸性岩浆熔体中的Si—O四面体含量更高、共用氧角顶数增多、氧的有效静电荷减少,对阳离子吸引能力下降,这样含有氧的 Si—O、Al—O 结构更容易从原来的玻璃质中脱离出来,形成石英、长石等矿物(杨献忠,1993)。通过对条湖组 22 口取心井的 246 块样品进行肉眼观察、镜下鉴定及扫描观察,认为条湖组凝灰岩碎屑主要成分为晶屑和玻屑,含有一定量的有机质碎屑,黏土矿物含量很少。扫描电镜观察及能谱分析结果表明,晶屑主要为石英和长石,且长石类型主要为钠长石,而钠长石是中酸性斜长石的典型代表。在扫描电镜下确定其元素主要为 Si、O,其次是 Al、Na、K、Mg、Fe,而 Si、O、Al、Na、K 是构成石英和长石的主要元素。综合分析确定条湖组凝灰岩火山灰的性质为中酸性。中酸性凝灰岩脱玻化作用所形成的微晶体多且颗粒较大,更容易产生脱玻化孔,形成有利的储层。

(2)玻屑含量越高,脱玻化形成的孔隙度越大。由于在火山灰物质组分中,只有玻璃质的成分才能发生脱玻化作用,因此,凝灰岩中玻璃质含量越高,脱玻化潜力越大。在相同的脱玻化程度下,单一质量(体积)的玻璃质向晶体转化的程度相同,其所产生的脱玻化孔隙的量是一定的,如果某一样品中玻璃质含量较高,所产生的脱玻化孔比其他样品更高。因而,在相同的脱玻化程度下,玻屑含量越高,其脱玻化形成的次生孔隙也越多,孔隙度也就越大。镜下观察结果表明,玻屑凝灰岩、晶屑玻屑凝灰岩、泥质凝灰岩和硅化凝灰岩的玻屑含量依次递减,因此,在相同脱玻化程度下,形成的脱玻化孔也依次减少。

(3)有机酸含量控制脱玻化速率。脱玻化作用过程中产生了许多硅酸盐矿物,粒级细小,在酸性条件下,会与有机酸发生络合反应而溶解,被孔隙流体带走,使整个脱玻化反应的化学平衡向正反应方向移动,促进脱玻化作用的进行。Aradóttir(2013)在实验研究中发现,以酸碱度作为单一变量的前提下,玄武岩玻璃质在 pH 值小于 7 时,溶解速率会随着 pH 值的降低迅速增加;当 pH 值大于 7 时,玻璃质溶解速率会随着 pH 值增加缓慢增加,所以在酸性条件下,有利于脱玻化作用的进行。条湖组凝灰岩含有一定量的有机质,在埋藏过程中会产生一定量的有机酸,可以有效促进脱玻化过程的进行。研究发现,凝灰岩孔隙度大小与抽提后 TOC 有一定的正相关关系,这是由于有机质含量越高,所能生成的有机酸越多,pH 值越低,玻璃质的溶解速率越大,越有利于脱玻化作用的进行。条湖组凝灰岩上覆一套稳定分布的泥岩,封盖条件较好,凝灰岩处于相对封闭的环境,地层中的 H^+ 主要来自有机质演化过程中产生的有机酸。条湖组凝灰岩脱玻化程度较高的一个得天独厚的有利条件就是本身含有一定的沉积有机质,这些有机质在热演化过程中会产生有机酸(Meshiri,1986)。有机质丰度越高,生成的有机酸越多,从而越有利于脱玻化作用的进行,最终导致凝灰岩的孔隙度增大。但由于凝灰岩储层孔隙的形成还受到其他诸多因素的影响,目前还无法定量分析凝灰岩中有机质对孔隙形成的贡献量的大小。但同时也要考虑到热演化程度,成熟度太低时,即使有机质丰度再高有机酸生成量也不会太大。所以,有机酸含量是有机质丰度和热演化程度共同作用的结果。

(4)温度对含有机质凝灰岩脱玻化作用的影响体现在两个方面:一是提高了热演化程度,使有机酸生成量增大;二是温度能够提高脱玻化的速率,温度升高有利于促进玻璃质中质点的活动及重新排列。在温度为单一变量条件下,温度越高,溶解速率越高。酸性条件下,有利于铝硅酸盐的溶解、铝离子的迁移和二氧化硅的沉淀,所以有利于脱玻化的进行。烃源岩在成岩温度 60℃ 左右到大量生成液态烃之前,均能够产生大量的有机酸(MacGowan,1988)。75~90℃ 是短链羧酸浓度最大的时期,即干酪根释放含氧基团的最高峰，在此期间内有机质开始成熟并释放有机酸，80~120℃为有机酸保存的最佳温度，当温度升高到120~160℃时，羧酸阴离子将发生热脱羧作用而转变成烃类和CO_2，二元羧酸变成一元羧酸，溶液中的CO_2浓度明显提高，但有机酸的浓度降低（孙风华等，2004；蒽克来等，2012）。三塘湖盆地马朗凹陷古构造演化表明，白垩纪末期地层沉降量最大，后期抬升（刘学锋等，2002；赵泽辉等，2003），所以三塘湖盆地条湖组含有机质凝灰岩在白垩纪末期埋深最大。另外，白垩纪末期原油充注进入储层，会对水—岩化学反应起到抑制作用，结合热史分析，早白垩世条二段地层温度达到60℃左右，所以，脱玻化作用主要发生在早白垩世到白垩纪末期，后期构造抬升后脱玻化作用较弱。

4.3 凝灰岩成岩与孔隙演化

4.3.1 成岩作用类型及特征

成岩作用这一概念由VonGuembel在1868年最先提出，原概念适用于沉积学，指的是"沉积物从沉积后到变质作用的所有变化"，沉积学家通常默认的成岩作用是发生在沉积作用之后，变质作用之前。成岩作用在三塘湖盆地马朗凹陷致密油储层埋藏、形成和演化过程中具有重要的意义，对储层性质和后期成藏也产生了重要的影响。研究区条湖组储层主要沉积了火山碎屑岩，所以本节主要研究这类岩石的成岩作用。主要应用的资料有薄片镜下观察结果、扫描电镜分析和X-射线衍射分析等，进行了矿物类型统计、成岩序列的划分和成岩作用类型的定性描述。三塘湖盆地条湖组主要有7类成岩作用，根据对储集空间的作用分为破坏性、建设性和建设—破坏共存作用（表4.3）。

表4.3 条湖组成岩作用类型统计表

成岩作用分类	具体作用类型
建设性成岩作用	脱玻化作用、溶蚀作用、重结晶作用
破坏性成岩作用	压实作用、充填作用
建设—破坏共存作用	胶结作用、新生矿物转化作用

4.3.1.1 建设性成岩作用

（1）脱玻化作用。

脱玻化作用是在外界环境共同作用下，包括温度等因素，火山活动所产生的玻璃物质逐渐向晶质转化的过程。由此过程形成了微型孔隙，其受各种地质因素影响，如地层温度、pH值和流体组分等。火山物质经火山活动作用喷出地表，快速降压降温，这一系列特定条件下形成的火山玻璃其组分是非常活跃且不稳定的，随着外界的大气环境、温度等因素的变化会导致它的成分的变化，以及晶体的析出及重组，从而会形成脱玻化晶间微孔，重组的矿物成分可见石英和长石晶体（图4.10a—d）等（式4.1）。

$$凝灰质 + H_2O \longrightarrow 石英 + 长石 \tag{4.1}$$

原有的玻璃物质转化成隐晶质后，形成的颗粒极小，且形状多样化，呈现出霏细结构。脱玻化作用在凝灰岩中最为常见。扫描电镜和电子探针分析，当火山玻璃中Mg、Fe

含量高时向绿泥石转化，特别是碱性成岩环境更有利于向绿泥石的转化，从而使储层变差；当 Mg、Fe 含量少，而 Si、Na、K 含量高时有利于向石英和长石的转化，特别是酸性碎屑岩环境下，同时形成石英和长石的晶间微孔。研究区的凝灰质呈中酸性，长英质物质含量高，玻璃质脱玻化常形成钠长石、石英微晶及少量绿泥石等黏土矿物（图 4.10e、f），同时体积变小，释放出大量的微孔隙，伴随体积缩小，也会形成大量微缝，加上火山灰或火山尘降落水体后温度降低收缩也会形成微缝，因此微缝成为致密油储层的主要储集空间之一。本区早期呈偏碱性成岩环境，绿泥石化较强，储层较差；中期转变为偏酸性成岩环境，脱玻化和溶蚀作用强，长石和石英晶间微孔发育，水体退化或沼泽化，储层不发育。

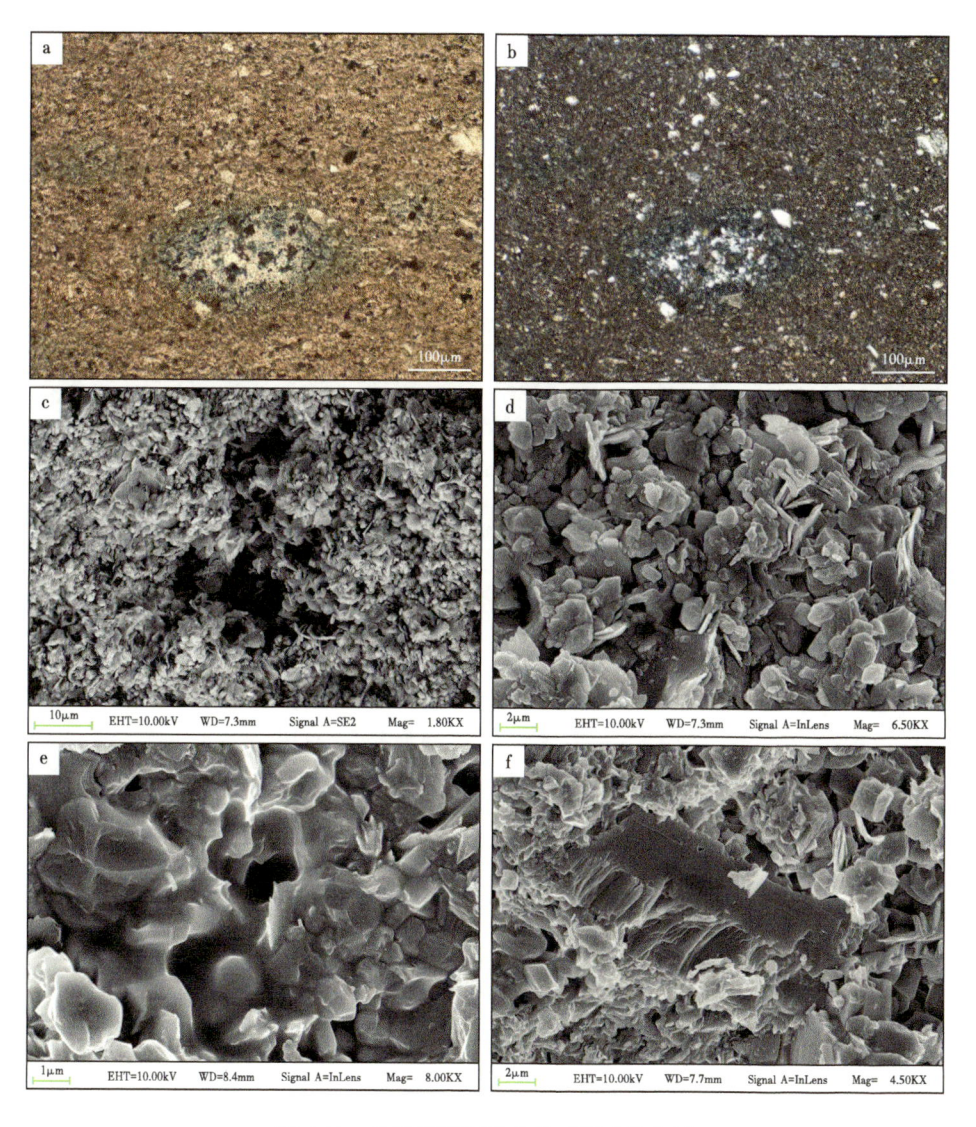

图 4.10 条湖组凝灰岩中典型脱玻化作用

a—b. 脱玻化过程中形成颗粒（石英、长石）晶间孔和粒内溶蚀孔，玻屑凝灰岩，马 56-15H 井，2251.08m；c—d. 脱玻化过程中形成颗粒晶间孔和粒内溶蚀孔，玻屑凝灰岩，马 56-133H 井，2650.56m；e. 脱玻化的钠长石、石英，石英浅坑状溶蚀，晶屑玻屑凝灰岩，马 7 井，1885.3m；f. 长柱状钠长石边缘向黏土矿物转化，晶屑玻屑凝灰岩，马 7 井，1887.18m

（2）重结晶作用。

继脱玻化作用后晶体继续长大的作用可称之为重结晶作用。重结晶作用凸显的表现是重结晶的矿物或矿物组合的化学成分几乎保持不变，换句话说，现有的矿物组合可以反映原有玻璃物质的化学成分的属性。图4.11可见方解石、石英重结晶等作用。

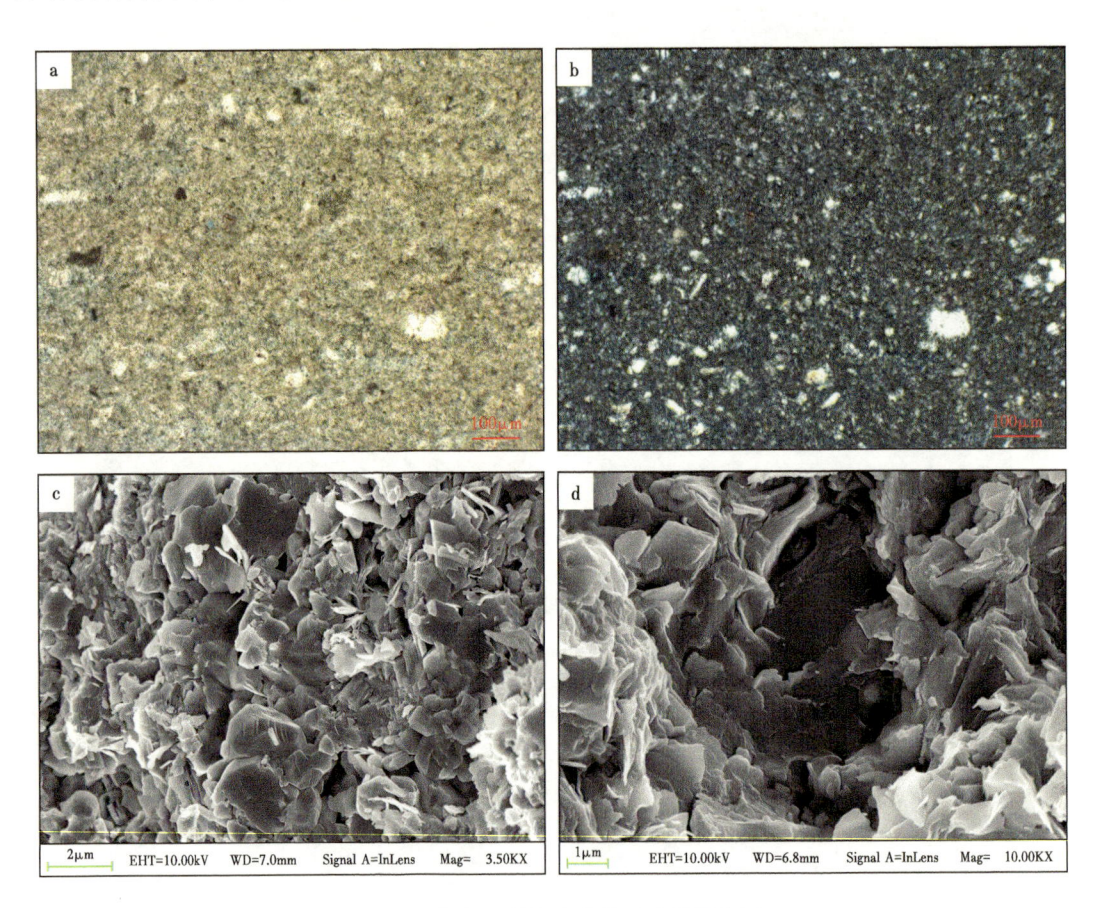

图4.11 条湖组凝灰岩中典型重结晶作用
a—d. 典型方解石、石英重结晶，晶屑玻屑凝灰岩，马56-15H井，2247.5m

（3）溶蚀作用。

溶蚀作用提高了研究区条湖组储层的孔渗特性，改善了孔喉结构。储层岩石溶蚀作用强度大小主要受到岩石颗粒、组成成分、地层温度、压力和流体性质等多方面因素影响。其中岩石颗粒组成成分和流体性质决定次生孔隙发育带的层位和溶蚀强度大小。分析岩石成分的溶蚀强度，由强到弱依次为凝灰质物质、长石，其次为岩屑、石英。储层主要岩石类型沉凝灰岩的溶蚀作用强烈，主要表现为两种溶蚀样式。其中溶蚀作用最明显的是凝灰质的蚀变（图4.12a、b），凝灰质溶蚀转化的矿物主要有3种，分别为凝灰质高岭石化、绿泥石化和伊利石化。这2种蚀变中，高岭石蚀变在研究区储层沉凝灰岩中最发育，在区域内呈连片状分布。溶蚀作用的第2种形式为晶屑的溶蚀，在镜下可以观察到石英晶屑、长石岩屑等边缘被溶蚀后产生的溶蚀孔和溶蚀边（图4.12c—e）。另外可见少量有机质粒内溶蚀孔（图4.12f）。

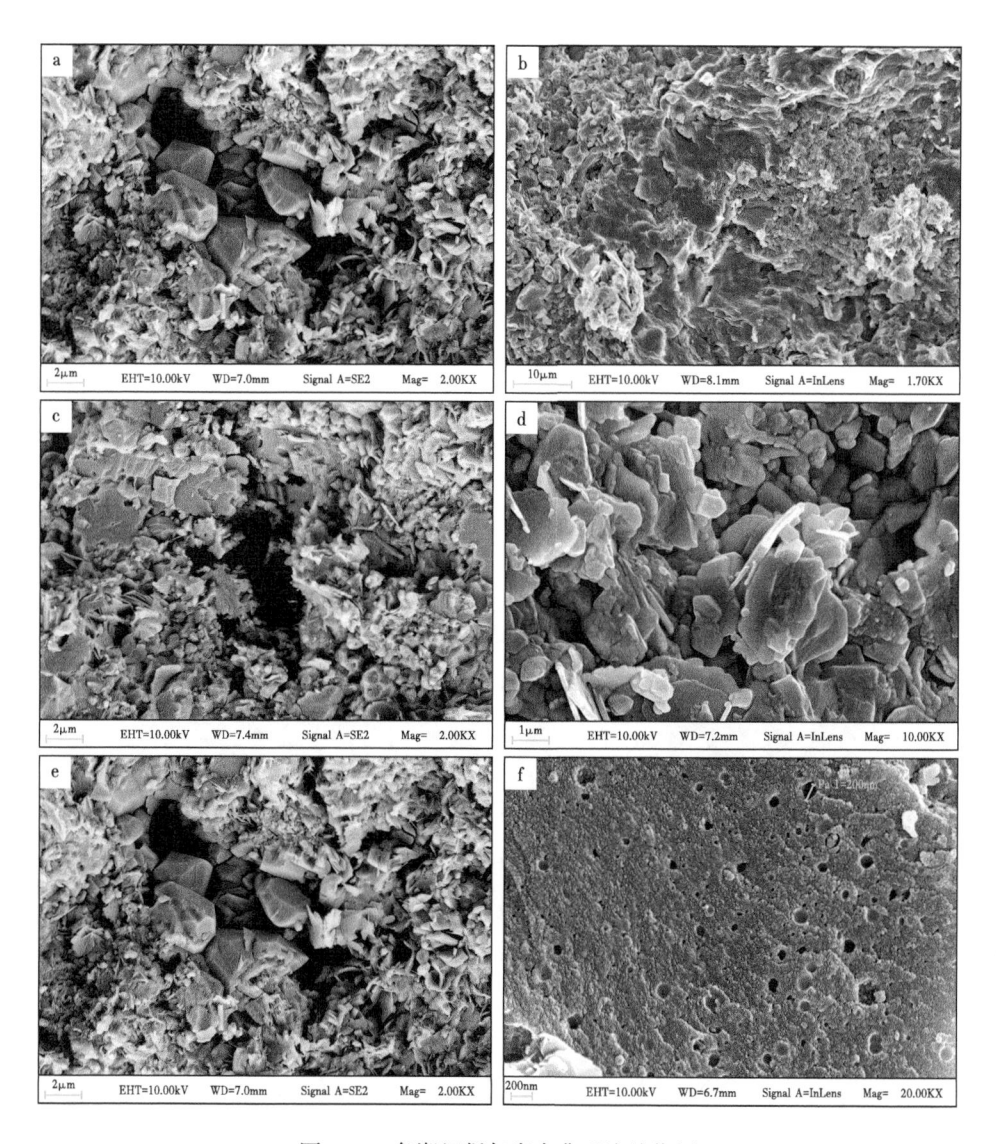

图 4.12 条湖组凝灰岩中典型溶蚀作用

a. 凝灰质蚀变成长石后，发育长石粒内溶蚀孔，玻屑凝灰岩，马 56-15H 井，2247.5m；b. 凝灰质蚀变成长石的粒间溶蚀孔，玻屑凝灰岩，马 56 井，2142.9m；c. 钾长石溶蚀孔，玻屑凝灰岩，马 56-15H 井，2262.33m；d. 伊利石、钠长石粒间溶蚀孔，晶屑玻屑凝灰岩，马 56-133H 井，2650.56m；e. 石英坑状溶蚀孔，玻屑凝灰岩，马 56-15H 井，2262.33m；f. 有机质粒内溶蚀孔，晶屑玻屑凝灰岩，芦 104H 井，2125.2m

储层沉凝灰岩中溶蚀作用主要对象是长石颗粒和凝灰质填隙物。长石易受到酸性流体的溶蚀产生次生孔隙，储层中的火山碎屑物质也很容易受到溶蚀，在镜下可以观察到残余结构，颗粒被溶蚀之后残留原本的颗粒形状和结构，或者差异溶蚀产生部分溶蚀。长石和岩屑是最常见的被溶矿物。火山岩的岩屑由于自身的物质组成和结构的不稳定性，最容易被溶蚀。次生孔隙的主要类型有粒间溶蚀孔、粒内溶蚀孔等。石英矿物的稳定性好，因此石英溶蚀孔很少。经扫描电镜观察，研究区凝灰岩中溶蚀溶解现象比较普遍，大量发育溶孔等。

4.3.1.2 破坏性成岩作用

（1）压实作用。

压实作用指的是碎屑物质在埋藏过程中，受到上覆沉积物的重力作用，经过压实而固结成岩的作用，塑性颗粒发生塑性变形，刚性颗粒呈线接触，镜下可见缝合线、构造缝等。压实作用可分为机械压实作用和压溶作用，前者是沉积物在负荷作用下，仅发生物理变化，颗粒更加紧密的堆积；而压溶作用则包含了物理作用和化学作用两种，颗粒在负荷下首先紧密堆积，之后颗粒（主要是石英、方解石）的接触点上会发生化学溶解，发生流体迁移，在颗粒压力较低的部位沉淀下来，这样就产生了塑性变形，压溶作用会使颗粒得到更加紧密的堆积（图4.13）。本节中储层的主要岩石类型为凝灰岩，是火山熔岩与沉积岩的过渡类型，压实作用对这类过渡性的岩石影响较大，压实作用导致储层孔隙度损失，岩石颗粒变形破裂。研究区致密油储层中的压实作用主要表现为浆屑、玻屑等塑性颗粒之间在压力、温度等作用下由于缝合接触而发生定向排列及变形甚至破碎，多表现为机械压实作用。此过程是贯穿整个成岩阶段的，随岩石埋藏加深压实作用变强，与孔喉数量呈反比关系，从而使研究区储层的物性变差。

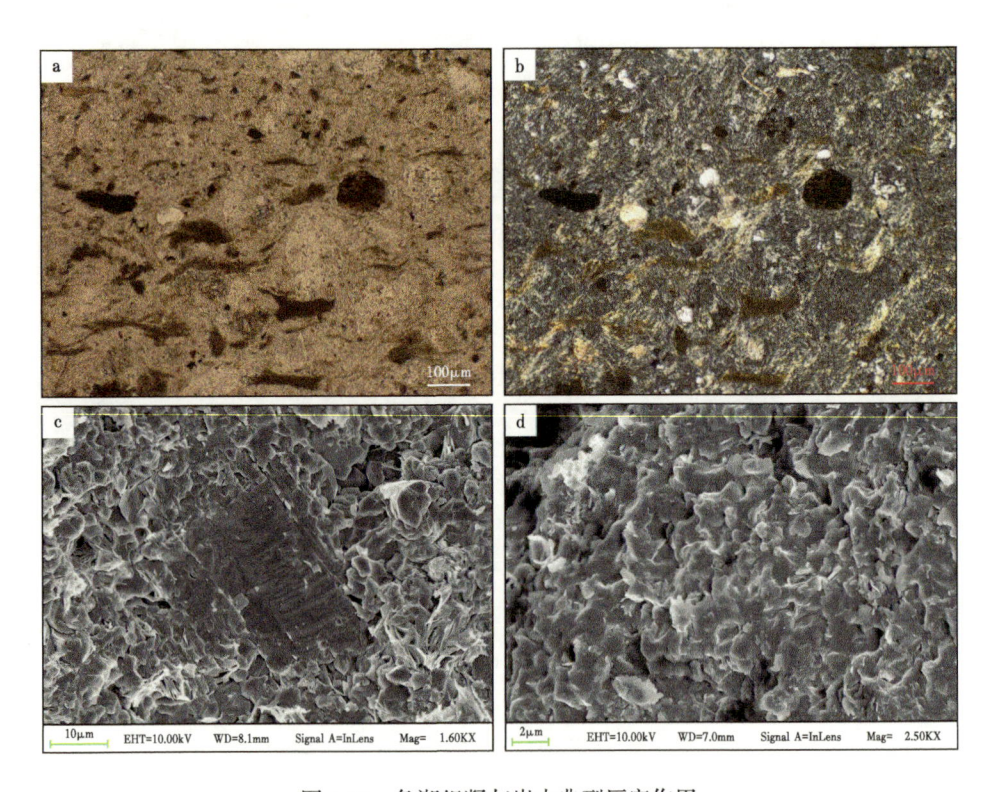

图4.13 条湖组凝灰岩中典型压实作用

a. 晶屑玻屑凝灰岩，脱玻化石英、长石为凹凸接触，压实作用下具塑性变形特征，芦104H井，2123.81m，单偏光；
b. 视域同a，晶屑玻屑凝灰岩，脱玻化石英、长石为凹凸接触，压实作用下具塑性变形特征，芦104H井，2123.81m，正交偏光；c. 长柱状钠长石，片状绿泥石集合体晶间孔，晶屑玻屑凝灰岩，马56-15H井，2260.33m；d. 硅质、黏土矿物等相间分布，玻屑凝灰岩，马56-133H井，2650.56m

（2）充填作用。

充填作用是次生矿物充填原始孔缝。研究区可见沸石、方解石经热液挥发作用形成次生矿物或风化后的石英、长石形成高岭土充填孔缝（图4.14）。还可见黄铁矿充填，可能是还原条件下火山岩水下喷发形成的。充填作用矿物充填于原生或次生孔隙内，降低了储层孔隙度，对储层有破坏性。

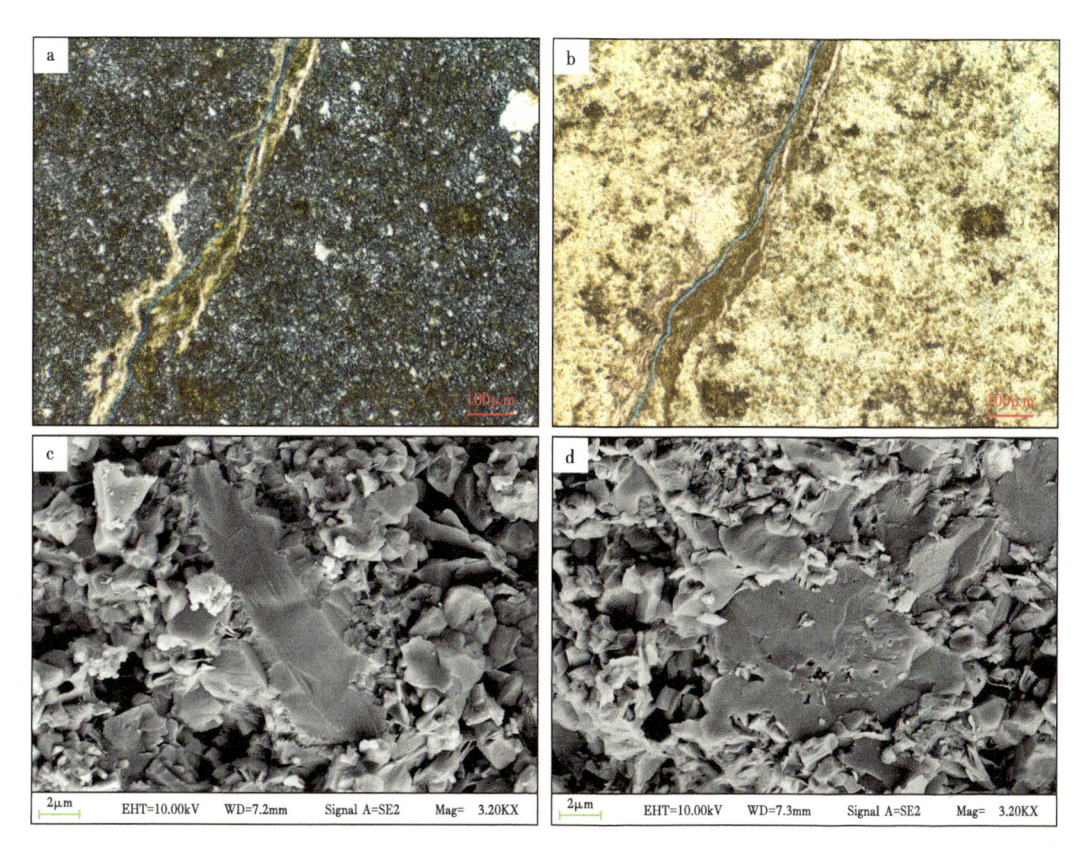

图4.14 条湖组凝灰岩中典型充填作用
a—b. 方解石充填，玻屑凝灰岩，马56-15H井，2248.26m；c. 脱玻化长石充填，玻屑凝灰岩，马56-15H井，2262.33m；
d. 硅质黏土矿物等相间充填，玻屑凝灰岩，马56-133H井，2650.56m

4.3.1.3 建设—破坏共存作用

（1）胶结作用。

研究区胶结作用发育时间跨度较长，在早期的成岩阶段就有发育，主要是在浅埋成岩阶段。条湖组的沉积背景是咸水湖泊的火山碎屑岩过渡性沉积，因此储层中矿物质含量高，早期的胶结作用明显，储层的原生孔隙、喉道被胶结物堵塞，导致储层物性变差，孔渗迅速降低；与此同时，胶结作用也抑制了后期进一步的压实作用。胶结作用可划分为4种类型，分别为硅质胶结、碳酸盐胶结、黏土矿物胶结及凝灰质胶结。研究区储层主要发生了碳酸盐胶结和黏土矿物胶结（图4.15a、b），其次为硅质胶结及少量沸石胶结。方解石胶结在研究区中可大面积观察到，但不集中，也可观察到少量铁方解石等。早期方解石胶结物多为薄膜式或团块式，晚期则以基底式胶结为主。三塘湖盆地粗碎屑岩（粒径大于0.01mm）中，黏土矿物胶结主要发育伊利石、伊/蒙混层、绿泥石和高岭石。碎屑颗粒排列有空隙且松散的情况下可发现外表被含有微晶石英的矿物所包

61

裹，此现象可解释为硅质胶结（图4.15c、d）。火山灰水解后，形成大量蒙皂石。有个别井的储层发育了较多的沸石胶结。其中马701井的解释结果显示沸石含量达到16%。马701井的周围发育活动性断层，可以推断是深部流体通过断层向上部储层流动，在储层孔隙中沉积了较多的沸石。

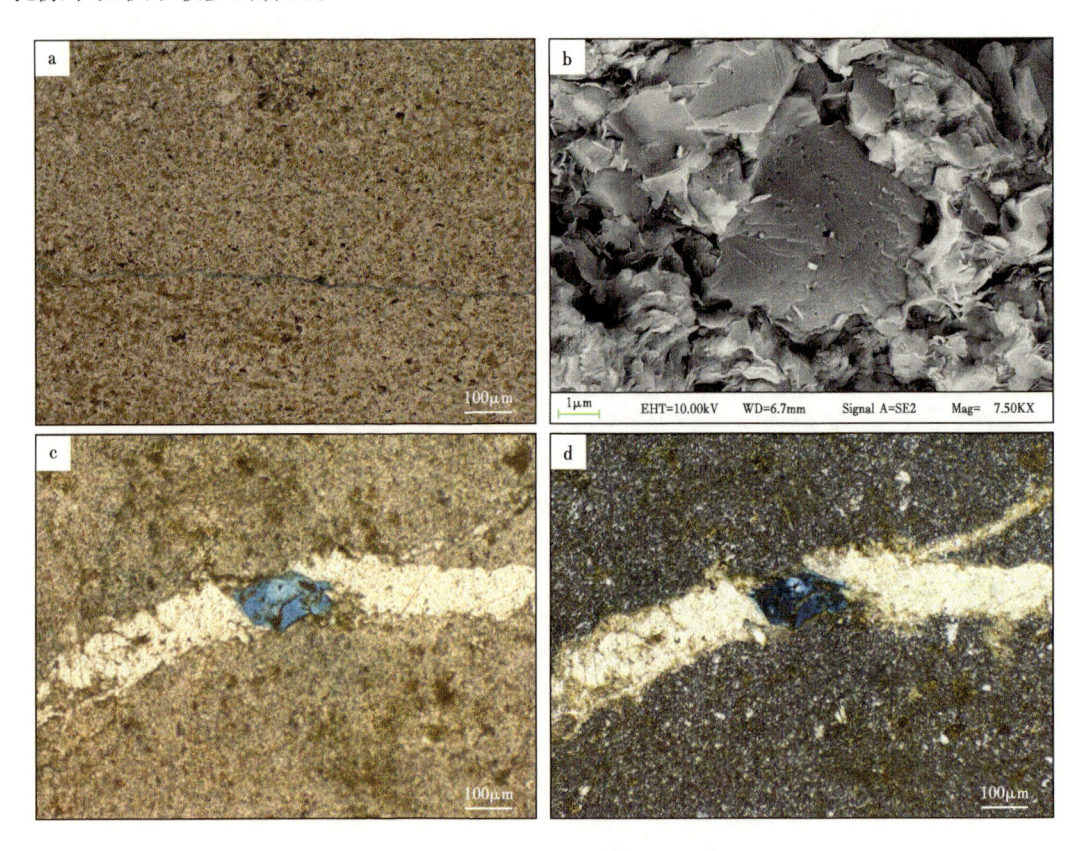

图4.15 条湖组凝灰岩中典型胶结作用
a. 晚期方解石基底式胶结，硅化凝灰岩，马56-12H井，2268.55m；b. 薄膜式方解石胶结，晶屑玻屑凝灰岩，芦104H井，2125.20m；c—d. 硅质充填胶结，玻屑凝灰岩，马56-15H井，2262.33m

（2）新生矿物转化作用。

可观察到长石向黏土矿物转化（图4.16a），凝灰质向长石转化（图4.16b、c），或者是脱玻化过程中长石向黏土矿物的转化（图4.16d—f）。在镜下常见自生黏土矿物附于颗粒的表面或周围。自生黏土矿物包壳主要有自生蒙皂石、自生伊利石、自生高岭石和自生绿泥石等常见自生黏土矿物。自生黏土矿物包壳在火山碎屑岩中发育较多，其中凝灰岩、沉凝灰岩和凝灰质沉积岩均能观察到这种现象。镜下可以观察到自生黏土矿物包裹于火山碎屑颗粒、岩屑和晶屑的周围，整体呈环带状和珍珠串状发育，正交偏光镜下可观察到的现象为环形的一条炫彩的条带。伊/蒙混层呈卷曲的波状薄片，或蜂巢状或卷发丝状，分布于颗粒表面，表面极不平整，边缘参差不齐。绿泥石呈绒线状包裹碎屑。随着埋深的增大，在合适的温度、压力等环境下，会出现黏土矿物的转化，如蒙皂石向伊利石和绿泥石的转化等。沸石的转化主要是火山玻璃经过蚀变而形成的。石膏呈柱状、板状，晶形较好。

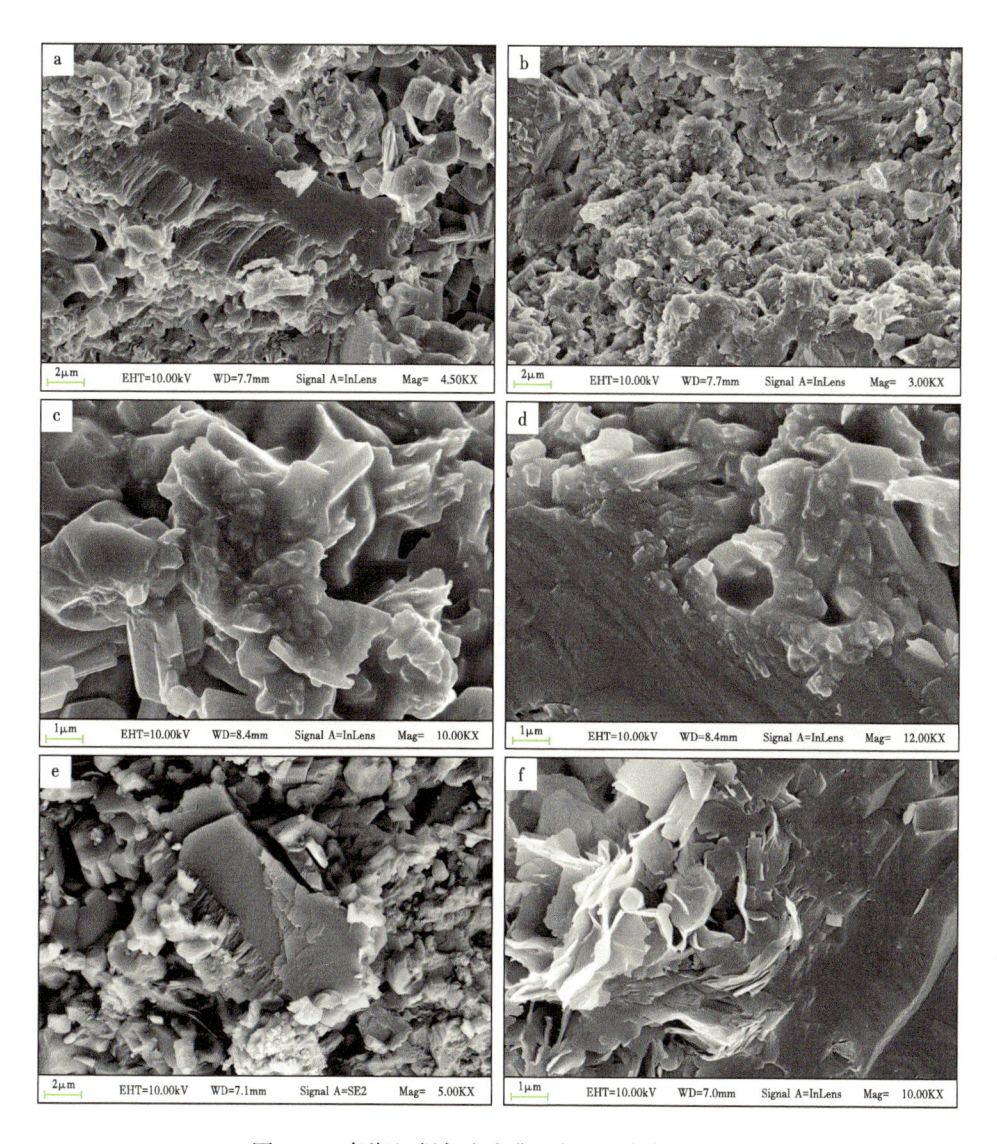

图 4.16 条湖组凝灰岩中典型新生矿物转化作用

a. 长柱状钠长石边缘向黏土矿物转化，晶屑玻屑凝灰岩，马 7 井，1887.18m；b. 凝灰质向钠长石转化，晶屑玻屑凝灰岩，马 7 井，1887.18m；c. 凝灰质向钠长石转化，晶屑玻屑凝灰岩，马 7 井，1885.3m；d. 钠长石边缘脱玻化，长柱状钠长石边缘向黏土矿物转化，马 56-15H 井，2262.33m；e—f. 钠长石边缘向伊利石转化，马 56-15H 井，晶屑玻屑凝灰岩，2247.5m

4.3.2 成岩阶段及孔隙演化特征

通过研究对比之前专家学者对马朗凹陷条湖组相关储层成岩阶段划分的详细方案，本节采用《碎屑岩成岩阶段划分》（SY/T 5477—2003）对马朗凹陷条湖组的储层砂岩成岩阶段进行划分（图 4.17）。研究区储层主要以沉凝灰岩和一些凝灰质碎屑岩为主，其成岩过程及演化阶段与陆源碎屑较为相似，根据研究区的地质构造背景，以及火山岩、火山碎屑岩的成岩演化阶段，对比分析了有机质成熟度 R_o、石英加大期次、碳酸盐胶结类型、自生黏土矿物类型、伊/蒙混层黏土矿物的演变等指数，以及黏土矿物转化特征、自生矿物分布特征和成岩温度，对研究区储层进行成岩阶段研究。根据不同的矿物成岩序列、地球化学指标等资料对凝灰岩储层进行成岩阶段划分和描述。通过对成岩作用及自生矿物的成因分析和自生矿物形成时间先后，再结合铸体薄片观察，以及扫描电镜下各种成岩矿物和成岩期次的分析，依照自生矿物和成岩事件依次出现的顺序，笔者归纳出条湖组的成岩序列主要分为同生成岩阶段和埋藏成岩作用。

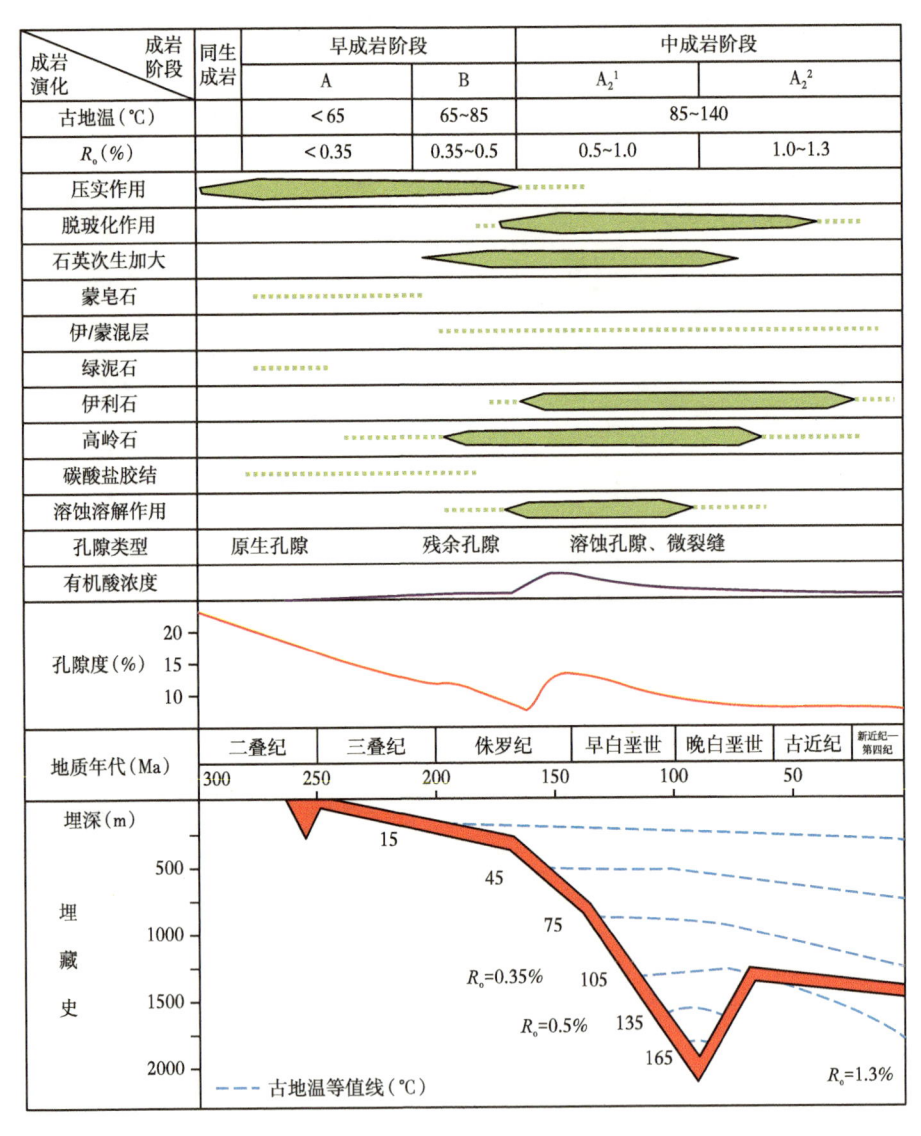

图 4.17 条湖组凝灰岩成岩阶段

同生成岩阶段主要指上覆水体等条件仍然持续作用于火山碎屑岩在沉积以后的阶段，此过程中主要有冷凝收缩、熔结作用发生。埋藏深度较小，古地温为常温。熔浆在喷出地表后经过冷却，碎屑物质和火山物质相互凝结，由于埋藏深度的加大，上覆地层压力变大，孔隙中的水被排出，地层被逐渐压实，塑性矿物被压变形。同生成岩阶段地层处于弱固结状态，原生孔隙较为发育，压实作用不明显，胶结作用发育。

早成岩阶段 A 期有机质未成熟，古地温小于 65℃，主要发生压实作用及胶结作用。黏土矿物以蒙皂石为主，伊/蒙混层含量较低，蒙皂石呈书页状或蠕虫状贴附于颗粒表面，自生矿物有少量方沸石。凝灰质并未发生溶蚀溶解作用，方解石微晶、石英微晶共生。可见方解石胶结物发育、碳酸盐颗粒充填孔隙和伊/蒙混层化等现象。压实作用开始使颗粒间发生点接触状态。岩石由半固结到固结状态，此阶段由于压实作用和胶结作用等成岩作用的共同影响，储层孔隙度迅速降低 30%~55%。

早成岩阶段 B 期有机质达到半成熟，古地温为 65~85℃。胶结作用和压实作用是这个阶段最主要的成岩作用。镜下观察可见石英次生一级加大，方解石胶结物充填孔隙。分析结果显示蒙皂石含量变低，出现少量的高岭石，伊/蒙混层含量变高，绿泥石含量偏低。压实作用使颗粒之间从点接触逐渐变为线接触。部分长石、凝灰质发生溶蚀作用，次生孔隙发育。此阶段为胶结作用、压实作用及溶蚀溶解作用的共同影响，溶蚀溶解作用较弱。总的来看，此阶段储层孔隙度降低 20% 左右。

中成岩阶段 A 期过程中对压实作用不敏感，古地温在 85~140℃ 之间，该阶段是储层岩石主要的成岩期，这个阶段次生孔隙较为发育。成岩作用主要包括脱玻化作用、胶结作用、交代作用及溶蚀溶解作用。其中最重要的是脱玻化作用，主要出现隐晶质的长英质集合体，以及凝灰质向沸石和黏土矿物的转化，形成了大量的微孔。可见石英次生二级加大，长石遭溶蚀。此外黏土矿物基本以充填孔隙的方式出现，其中高岭石、伊利石及绿泥石的含量增加，伊利石呈针状、发丝状。方解石主要表现为胶结物充填孔隙，使得孔隙度降低，还可以观察到方解石交代长石、石英等碎屑颗粒。在这个阶段由于烃源岩成熟前期的酸性流体对储层进行了溶蚀和改造，长石、火山岩岩屑、晶屑等碎屑颗粒及碳酸盐类胶结物在酸性流体的冲洗溶蚀下，次生孔隙发育。在镜下可以观察到溶蚀残余结构、蚀变矿物的发育及差异溶蚀带来的溶蚀孔，中成岩阶段 A 期是储层物性重要的建设期。这个阶段使储层孔隙度增加 20%~30%，而在压实作用、胶结作用的共同影响下，孔隙度可降低 10% 左右。总的来看，储层微孔发育较好，可见颗粒内溶蚀微孔、微晶间孔和微裂缝。

值得说明的是，根据三塘湖盆地的具体地质特征，在《碎屑岩成岩阶段划分》（SY/T 5477—2003）的基础上，以生油高峰（R_o=1.0%）为界，将中成岩阶段 A_2 亚期进一步细分为中成岩阶段 A_2^1 和中成岩阶段 A_2^2。划分依据是三塘湖盆地马朗—条湖凹陷烃源岩达到生油高峰之后，干酪根中的杂原子键断裂减缓，脱羧作用基本完成，表现为干酪根 O/C 原子比的减小速度变慢。此后，有机酸的生成量较小，储层的溶蚀作用减弱，孔隙度下降。也就是说，条湖组烃源岩有机酸的生成和排出主要发生在生油高峰之前。值得注意的是，在生油高峰之后，不同类型干酪根 O/C 原子比下降的速率差异很大，反映其产酸能力不同。其中Ⅰ型干酪根和Ⅱ型干酪根在生油高峰之后，O/C 原子比下降的速率很小，说明其产酸能力在生油高峰之后就很差了，松辽盆地中浅层和渤海湾盆地辽河坳陷西部凹陷古近系就是如此，由有机酸溶蚀储层形成的次生孔隙发育带主要分布在生油高峰对应的深度之上（孟元林等，2011）。而对于Ⅲ型干酪根则明显不同，即使在生油高峰之后，仍能脱羧，产出大量有机酸，溶蚀储层，形成次生孔隙，例如，松辽盆地徐家围子断陷深层沙河子组的Ⅲ型干酪根在 R_o 大于 1.3% 之后，仍可生成和排出有机酸，溶蚀深部的砂砾岩和火山岩储层，形成异常高孔带，天然气注入其中，形成了庆深气田（孟元林等，2012）。

5 凝灰岩水—岩反应模拟实验

火山岩具有独特的储集性能，在喷发、喷溢、冷凝、结晶和构造运动等因素的影响下火山岩体内部形成了各种类型的孔隙。其中脱玻化孔是火山岩中独有的一种重要孔隙类型。脱玻化作用广泛出现在含有玻璃质的火山岩中，火山岩中的玻璃发生脱玻化作用可以产生相当数量的微孔隙，是火山岩研究区的一种重要储集空间。脱玻化孔隙虽小，但由于数量多，连通性较好，因此也能形成好的储层。

火山玻璃脱玻化形成矿物时发生体积的缩小，从而形成微孔隙，另外火山玻璃脱玻化形成的铝硅酸盐等矿物在酸性流体的作用下发生溶蚀，又产生了溶蚀孔隙，所观察到的孔隙为脱玻化孔和矿物溶蚀孔之和。赵海玲等（2009）运用流纹质玻璃脱玻化作用物理过程的质量平衡原理和方法，并假定计算的边界条件是岩石全部由流纹质玻璃脱玻化形成的球粒组成，同时为了计算方便将流纹质玻璃密度作为球粒流纹岩中玻璃脱玻化前酸性玻璃的密度，由于钠长石和石英的密度均大于正长石，因此用密度最小的正长石的密度进行计算。由于脱玻化形成的矿物密度增大，1kg 流纹质玻璃脱玻化形成长石、石英球粒，就至少会产生 37.63cm³ 的孔隙，换算成面孔率相当于 8.88%。

马剑等（2016）通过全岩矿物组成，计算各个矿物物质的量的比例，假定石英矿物物质的量为 1，计算其他矿物的相对物质的量；根据主量元素分析结果先组合绿泥石，其次组合长石矿物，最后为石英。结果表明，脱玻化新增孔隙随埋深增大而增大，但玻屑凝灰岩增大得更快，停止增大的埋深更大，推测 3000m 左右仍具有增大趋势，而晶屑玻屑凝灰岩孔隙度首先随埋深增大而增大，随后趋于稳定，在埋深 2600m 左右孔隙度基本不再变化（图 5.1）。原始火山玻璃质的多少决定了脱玻化的进程，玻屑成分越多，脱玻化程度越大。

质量平衡方法考虑的是封闭体系下矿物在温度变化下转变，地质过程中矿物反应是一个复杂的过程，特别是在开放体系下，包括流体加入及其与岩石之间的反应；因此，脱玻化成孔机制还不太明确，本节通过凝灰岩水—岩反应模拟实验，在不同温度、压力和 pH 值条件下，测试样品实验前后矿物和孔隙的变化，由此确定脱玻化成孔机制。

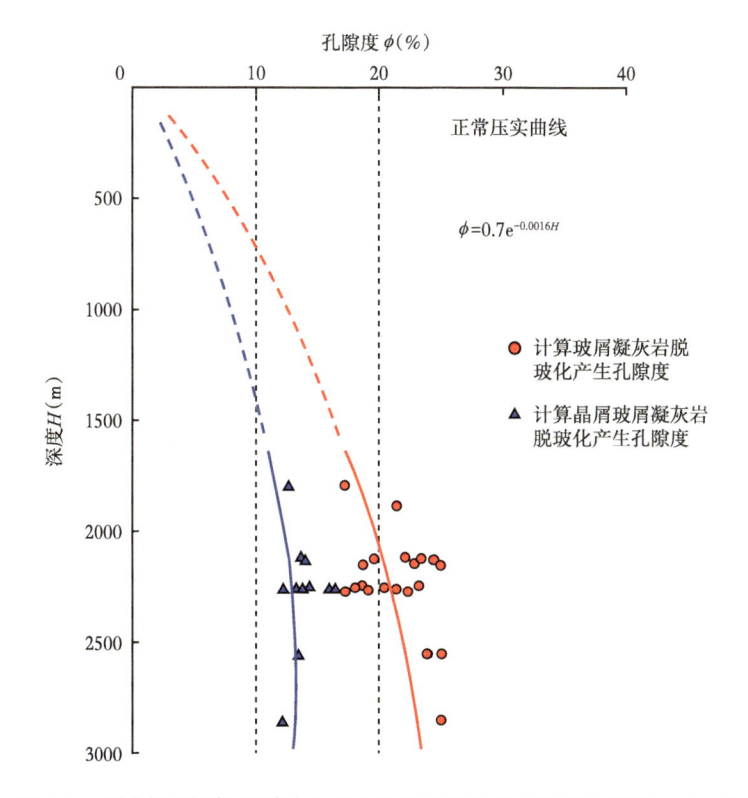

图 5.1 不同类型凝灰岩脱玻化产生孔隙度演化特征（据马剑等，2016）

5.1 凝灰岩水—岩反应模拟实验方法

5.1.1 样品制备

实验所用的主要试剂为 NaOH（99%，Macklin）、草酸（$C_2H_6O_6$，99.8%，Rhawn）和去离子水，化学试剂纯度均为 GR 级试剂（Guaranteed Reagent）。本次实验通过模拟 pH 值为 3 的有机酸和 pH 值为 9 的碱性流体环境，每种环境分别设置 100℃、140℃ 和 180℃ 3 组不同温度条件进行实验。此次实验采用有机酸性流体与深部岩心样品进行反应，这在作用方式和水岩比上与深部储层实际埋藏成岩环境较为接近。

实验样品均来自三塘湖盆地条湖组凝灰岩，岩性分别为玻屑凝灰岩、晶屑玻屑凝灰岩、沉凝灰岩、硅化凝灰岩、凝灰质砂岩和凝灰质粉砂岩，前 4 种岩性是本次实验的重点研究对象（表 5.1）。

表 5.1 条湖组凝灰岩样品实验条件

编号	井号	深度（m）	岩性	pH 值	温度（℃）	压强（MPa）
XJ045-3	马 56 井	2142.90	油迹玻屑凝灰岩	3	100	3
XJ041-3	马 56-133H 井	2650.56	油迹玻屑凝灰岩	3	100	3

续表

编号	井号	深度（m）	岩性	pH值	温度（℃）	压强（MPa）
XJ075-2	马56-15H井	2260.33	玻屑凝灰岩	3	100	3
XJ045-2	马56井	2142.90	油迹玻屑凝灰岩	3	140	3
XJ041-2	马56-133H井	2650.56	油迹玻屑凝灰岩	3	140	3
XJ070	马56-15H井	2251.08	玻屑凝灰岩	3	140	3
XJ095-3	马7井	1790.87	玻屑凝灰岩	3	140	3
XJ044	马56井	2141.80	油迹玻屑凝灰岩	3	180	3
XJ110	马56-12H井	2121.09	玻屑凝灰岩	3	180	3
XJ008-2	芦104H井（导眼）	2125.20	晶屑玻屑凝灰岩	3	100	3
XJ066-7	马56-15H井	2247.50	晶屑玻屑凝灰岩	3	100	3
XJ101-2	马7井	1887.18	晶屑玻屑凝灰岩	3	100	3
XJ008-5	芦104H井（导眼）	2125.20	晶屑玻屑凝灰岩	3	140	3
XJ101-3	马7井	1887.18	晶屑玻屑凝灰岩	3	140	3
XJ111	马56-12H井	2122.69	晶屑玻屑凝灰岩	3	180	3
XJ001	芦104H井（导眼）	2123.25	硅化凝灰岩	3	180	3
XJ047	马56井	2144.62	晶屑玻屑凝灰岩	3	180	3
XJ135	条27井	2850.40	沉凝灰岩	3	140	3
XJ093	马7井	1788.92	沉凝灰岩	3	180	3
XJ100-5	马7井	1885.30	晶屑玻屑凝灰岩	9	100	3
XJ066-3	马56-15H井	2247.50	晶屑玻屑凝灰岩	9	140	3
XJ031	马55井	2268.50	晶屑玻屑凝灰岩	9	180	3
XJ035	马55井	2271.25	晶屑玻屑凝灰岩	9	180	3
XJ133	条27井	2848.47	硅化凝灰岩	9	140	3
XJ097	马7井	1793.10	硅化凝灰岩	9	180	3
XJ016	芦104H井（导眼）	2142.86	硅化凝灰岩	9	180	3
XJ041-6	马56-133H井	2650.56	油迹玻屑凝灰岩	9	100	3
XJ076-6	马56-15H井	2262.33	玻屑凝灰岩	9	100	3
XJ095-6	马7井	1790.87	玻屑凝灰岩	9	100	3
XJ076-2	马56-15H井	2262.33	玻屑凝灰岩	9	140	3
XJ094	马7井	1789.67	玻屑凝灰岩	9	180	3
XJ109	马56-12H井	2119.72	玻屑凝灰岩	9	180	3
XJ113	马56-12H井	2124.21	玻屑凝灰岩	9	180	3
XJ048	马56井	2145.07	油迹玻屑凝灰岩	9	180	3

5.1.2 试验装置

PPLKH型高温高压耐强酸强碱反应釜容量为50mL，外体宽65mm，高138mm，内胆宽39.8mm，高78mm（图5.2a）。真空烤箱可供多种物质在3MPa压力和280℃高温高压范围内进行化学反应（图5.2b），活塞容器中活塞、筒体、堵头和反应釜体、取样器等与反应溶液直接接触的部件采用304不锈钢材料制成，具有较强的耐腐蚀性能。装置具有温度、压力预设定和温度、压力过载保护功能。

a. PPLKH型反应釜　　　　b. 真空型耐高温烤箱

图5.2　PPLKH型反应釜和真空型耐高温烤箱

5.1.3 实验步骤

取适量固体试剂于干净的烧杯中，加入适量去离子水后用玻璃棒进行粗略搅拌，使固体试剂快速溶解。准备一支一次性针管取部分高浓度溶液备用，取一颗干净的磁石放入烧杯中，再将烧杯放置在磁力搅拌器中间，调试适当的转速后开启磁力搅拌器，搅拌时长在15min以上，使溶液充分搅拌均匀。如图5.3所示，在之后的搅拌过程中，放入pH计观察溶液pH值变化并适当加入备用的有机酸溶液或去离子水，直至达到预定pH值。在使用pH计之前首先要用特定pH值的溶液对仪器进行调试，以确保后期数值的准确性。

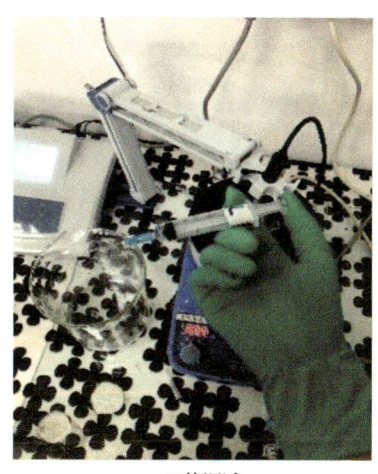

a. pH值调试　　　　b. pH值测定

图5.3　pH值调试和测定

每一组实验放置10块样品，反应液量为40mL，按照0.5°C/min的升温速率进行加热，间断性增加压力，待达到目标温度之后持续增压至目标压力，然后恒温、恒压反应7d，反应结束自然冷却，待釜内温度降至室温后取出样品并用蒸馏水反复冲洗，对块状样品进行实验前后扫描电镜观察对比，对柱体样品进行实验前后的孔隙度和渗透率对比。反应后的溶液用一次性针管取出，再用一次性有机相针式滤器进行过滤（图5.4），然后对溶液阳离子质量浓度进行测试，主要测试的阳离子有Al^{3+}、Ca^{2+}、K^+、Mg^{2+}、Na^+、Fe^{2+}、Fe^{3+}、Mn^{2+}、Si^{4+}。反应后的溶液阳离子测试于东华理工大学国家重点实验室，仪器设备是产自美国的Agilent 5100 ICP-OES电感耦合等离子体发射光谱仪（图5.5），环境温度为21.5°C，湿度为47%RH，实验采用交叉方式进行。

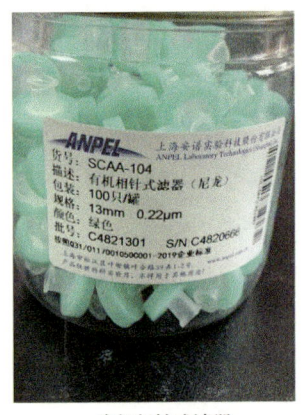

a. 有机相针式滤器　　　b. 取出溶液　　　c. 溶液过滤

图5.4　凝灰岩水—岩反应后的溶液过滤

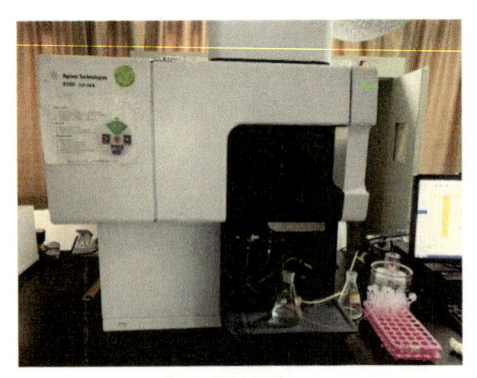

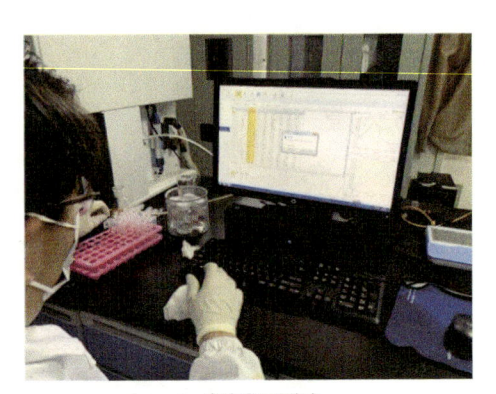

a. 测试仪器　　　b. 溶液离子测试

图5.5　过滤后的溶液离子测试

5.2　凝灰岩水—岩反应模拟实验结果

对条湖组凝灰岩水—岩反应前后的孔隙度和渗透率进行分析测试，测试结果见表5.2。

表 5.2 条湖组凝灰岩水—岩反应前后孔隙度和渗透率

样品编号	井号	深度(m)	岩性	反应前孔隙度(%)	反应后孔隙度(%)	反应前渗透率(mD)	反应后渗透率(mD)	温度(°C)	压力(MPa)	pH值
XJ003	芦104H井（导眼）	2123.35	硅化凝灰岩	0.010	0.030	0.241	0.260	100	3	3
XJ005	芦104H井（导眼）	2124.51	硅化凝灰岩	0.320	0.410	0.124	0.127	140	3	3
XJ121	芦102H井	2861.80	硅化凝灰岩	1.510	1.550	0.588	0.600	180	3	3
XJ022	芦104H井（导眼）	2147.79	硅化凝灰岩	0.078	0.083	0.312	0.331	100	3	9
XJ133	条27井	2848.47	硅化凝灰岩	0.840	0.290	1.930	0.400	140	3	9
XJ016	芦104H井（导眼）	2142.86	硅化凝灰岩	4.365	3.220	0.265	0.227	180	3	9
XJ001	芦104H井（导眼）	2123.25	硅化凝灰岩	0.060	0.020	0.255	0.214	180	3	3
XJ047	马56井	2144.62	晶屑玻屑凝灰岩	5.500	4.540	0.221	0.174	180	3	3
XJ111	马56-12H井	2122.69	晶屑玻屑凝灰岩	9.640	15.260	0.329	0.828	180	3	3
XJ031	马55井	2268.50	晶屑玻屑凝灰岩	0.285	0.170	0.474	0.419	180	3	9
XJ035	马55井	2271.25	晶屑玻屑凝灰岩	1.890	1.630	0.710	0.661	180	3	9
XJ044	马56井	2141.80	玻屑凝灰岩	0.950	0.100	0.267	0.493	180	3	3
XJ110	马56-12H井	2121.09	玻屑凝灰岩	8.480	13.620	0.345	0.415	180	3	3
XJ070	马56-15H井	2251.08	玻屑凝灰岩	4.220	20.530	0.544	0.490	140	3	3
XJ048	马56井	2145.07	玻屑凝灰岩	7.620	7.320	0.419	0.316	100	3	3
XJ083	马7井	1485.64	玻屑凝灰岩	2.525	5.718	3.618	4.130	140	3	9
XJ094	马7井	1789.67	玻屑凝灰岩	5.500	0.170	0.386	0.907	180	3	9
XJ109	马56-12H井	2119.72	玻屑凝灰岩	13.790	15.160	0.545	1.070	180	3	9
XJ113	马56-12H井	2124.21	玻屑凝灰岩	5.140	10.610	0.497	0.626	180	3	9
XJ139	条27井	2851.92	玻屑凝灰岩	0.050	0.100	1.506	1.971	180	3	9
XJ093	马7井	1788.92	沉凝灰岩	1.320	3.880	0.476	0.489	180	3	9
XJ135	条27井	2850.40	沉凝灰岩	15.220	26.710	0.467	0.420	140	3	3
XJ124	马62H井	2379.00	泥质凝灰岩	5.380	5.120	0.821	0.790	100	3	9
XJ162	芦1井	3069.64	凝灰质泥岩	2.250	2.081	0.811	0.792	140	3	9

5.2.1 孔隙度变化

（1）pH值为3和温度为100℃。

在pH值为3、温度为100℃的条件下，硅化凝灰岩XJ003样品水—岩反应前的孔隙度为0.01%，水—岩反应后的孔隙度为0.03%，水—岩反应后的孔隙度增加了0.02%。

（2）pH值为3和温度为140℃。

在pH值为3、温度为140℃的条件下，玻屑凝灰岩XJ070样品在水—岩反应前的孔隙度为4.22%，水—岩反应后的孔隙度为20.53%，经水—岩反应后样品孔隙度增加了 16.31%。硅化凝灰岩 XJ005 样品水—岩反应前的孔隙度为 0.32%，反应后的孔隙度为 0.41%，经水—岩反应后样品孔隙度增加了 0.09%。沉凝灰岩 XJ135 样品在水—岩反应前的孔隙度为 15.22%，水—岩反应后的孔隙度为 26.71%，孔隙度增加了 11.49%。

（3）pH 值为 3 和温度为 180℃。

在 pH 值为 3、温度为 180℃ 的条件下，玻屑凝灰岩参与反应的样品有两件，分别是 XJ044 和 XJ110 样品，两件样品在水—岩反应前的孔隙度分别为 0.95%、8.48%，在水—岩反应后的孔隙度分别为 0.1%、13.62%，前一件样品经水—岩反应后孔隙度降低了 0.85%，后一件样品增加了 5.14%。晶屑玻屑凝灰岩参与水—岩反应的样品有 3 件，分别为 XJ001、XJ047 和 XJ111 样品，3 件样品在水—岩反应前的孔隙度分别为 0.06%、5.5%、9.64%，反应后的孔隙度分别为 0.02%、4.54%、15.26%，前两件样品经水—岩反应后孔隙度分别降低了 0.04%、0.96%，第 3 件样在水—岩反应后孔隙度增加了 5.62%。沉凝灰岩 XJ093 样品水—岩反应前的孔隙度为 1.32%，水—岩反应后的孔隙度为 3.88%，反应后的孔隙度增加了 2.56%。硅化凝灰岩 XJ121 样品水—岩反应前的孔隙度为 1.51%，反应后的孔隙度为 1.55%，反应后的孔隙度增加了 0.04%。

（4）pH 值为 9 和温度为 100℃。

在 pH 值为 9、温度为 100℃ 的条件下，玻屑凝灰岩 XJ048 样品在水—岩反应前的孔隙度为 7.62%，水—岩反应后的孔隙度为 7.32%，水—岩反应后孔隙度降低了 0.3%。泥质凝灰岩 XJ124 样品水—岩反应前的孔隙度为 5.38%，反应后的孔隙度为 5.12%，水—岩反应后的样品孔隙度降低了 0.26%。硅化凝灰岩 XJ022 样品水—岩反应前的孔隙度为 0.078%，反应后的孔隙度为 0.083%，经水—岩反应后样品孔隙度增加了 0.005%。

（5）pH 值为 9 和温度为 140℃。

在 pH 值为 9、温度为 140℃ 的条件下，玻屑凝灰岩 XJ083 样品在水—岩反应前的孔隙度为 2.525%，水—岩反应后的孔隙度为 5.718%，反应后孔隙度增加了 3.193%。硅化凝灰岩 XJ133 样品在水—岩反应前的孔隙度为 0.84%，反应后的孔隙度为 0.29%，水—岩反应后的孔隙度降低了 0.55%。凝灰质泥岩 XJ162 样品水—岩反应前的孔隙度为 2.25%，水—岩反应后的孔隙度为 2.081%，反应后的孔隙度降低了 0.169%。

（6）pH 值为 9 和温度为 180℃。

在 pH 值为 9、温度为 180℃ 的条件下，玻屑凝灰岩参与反应的样品有 4 件，分别为 XJ094、XJ109、XJ113 和 XJ139 样品，4 件样品在水—岩反应前的孔隙度分别为 5.5%、13.79%、5.14% 和 0.05%，反应后的孔隙度分别为 0.17%、15.16%、10.61%、0.1%，第一件样品在水—岩反应后孔隙度降低了 5.33%，其余 3 件样品在水—岩反应后孔隙度分别增加了 1.37%、5.47%、0.05%。硅化凝灰岩 XJ016 样品在水—岩反应前的孔隙度为 4.365%，水—岩反应后的孔隙度为 3.22%，反应后孔隙度降低了 1.145%。晶屑玻屑凝灰岩 XJ031、XJ035 样品在水—岩反应前的孔隙度分别为 0.285%、1.89%，水—岩反应后的孔隙度分别为 0.17%、1.63%，反应后孔隙度降低了 0.115%、0.26%。

5.2.2 渗透率变化

（1）pH 值为 3 和温度为 100℃。

在 pH 值为 3、温度为 100℃ 的条件下，硅化凝灰岩 XJ003 样品水—岩反应前的渗透率为0.241mD，水—岩反应后的渗透率为0.26mD，水—岩反应后渗透率增加了0.019mD。

（2）pH值为3和温度为140℃。

在pH值为3、温度为140℃的条件下，玻屑凝灰岩XJ070样品在水—岩反应前的渗透率为0.544mD，水—岩反应后的渗透率为0.49mD，水—岩反应后样品渗透率降低了0.054mD。硅化凝灰岩XJ005样品水—岩反应前的渗透率为0.124mD，反应后的渗透率为0.127mD，水—岩反应后样品渗透率增加了0.003mD。沉凝灰岩XJ135样品在水—岩反应前的渗透率为0.467mD，水—岩反应后的渗透率为0.42mD，渗透率降低了0.047mD。

（3）pH值为3和温度为180℃。

在pH值为3、温度为180℃的条件下，玻屑凝灰岩参与反应的样品有两件，分别是XJ044和XJ110样品，两件样品在水—岩实验前的渗透率分别为0.267mD、0.345mD，水—岩反应后的渗透率分别为0.493mD、0.415mD，水—岩反应后渗透率分别增加了0.226mD、0.07mD。晶屑玻屑凝灰岩参与水—岩反应的样品有3件，分别为XJ001、XJ047和XJ111样品，3件样品在水—岩反应前的渗透率分别为0.255mD、0.221mD和0.329mD，反应后的渗透率分别为0.214mD、0.174mD和0.828mD，前两件样品经水—岩反应后渗透率分别降低了0.041mD、0.047mD，第3件样品在水—岩反应后渗透率增加了0.499mD。沉凝灰岩XJ093样品水—岩反应前的渗透率为0.476mD，水—岩反应后的渗透率为0.489mD，反应后渗透率增加了0.013mD。硅化凝灰岩XJ121样品在水—岩反应前的渗透率为0.588mD，反应后的渗透率为0.6mD，反应后渗透率增加了0.012mD。

（4）pH值为9和温度为100℃。

在pH值为9、温度为100℃的条件下，玻屑凝灰岩XJ048样品在水—岩反应前的渗透率为0.419mD，水—岩反应后的渗透率为0.316mD，水—岩反应后渗透率降低了0.103mD。泥质凝灰岩XJ124样品水—岩反应前的渗透率为0.821mD，反应后的渗透率为0.79mD，水—岩反应后的样品渗透率降低了0.031mD。硅化凝灰岩XJ022样品水—岩反应前的渗透率为0.312mD，反应后的渗透率为0.331mD，经水—岩反应后样品渗透率增加了0.019mD。

（5）pH值为9和温度为140℃。

在pH值为9、温度为140℃的条件下，玻屑凝灰岩XJ083样品在水—岩反应前的渗透率为3.618mD，水—岩反应后的渗透率为4.13mD，反应后渗透率增加了0.512mD。硅化凝灰岩XJ133样品在水—岩反应前的渗透率为1.93mD，水—岩反应后的渗透率为0.4mD，水—岩反应后渗透率降低了1.53mD。凝灰质泥岩XJ162样品在水—岩反应前的渗透率为0.811mD，水—岩反应后的渗透率为0.792mD，反应后渗透率降低了0.019mD。

（6）pH值为9和温度为180℃。

在pH值为9、温度为180℃的条件下，玻屑凝灰岩参与反应的样品有4件，分别为XJ094、XJ109、XJ113和XJ139样品，4件样品在水—岩反应前的渗透率分别为0.386mD、0.545mD、0.497mD、1.506mD，反应后的渗透率分别为0.907mD、1.07mD、0.626mD、1.971mD，4件样品在水—岩反应后渗透率分别增加了0.521mD、0.525mD、0.129mD、0.465mD。硅化凝灰岩XJ016样品在水—岩反应前的渗透率为0.265mD，水—岩反应后的渗透率为0.227mD，反应后渗透率降低了0.038mD。晶屑玻屑凝灰岩XJ031和XJ035样品在水—岩反应前的渗透率分别为0.474mD、0.71mD，水—岩反应后的渗透率分别为

0.419mD、0.661mD，反应后的渗透率分别降低了 0.055mD、0.049mD。

实验数据结果分析表明：(1) 同一流体条件下，随着温度升高凝灰岩孔隙度呈不同程度增加，且在温度为140℃时，凝灰岩脱玻化作用最强烈，脱玻化作用产生的脱玻化孔数量最多；(2) 不同流体条件下凝灰岩脱玻化反应程度不同，且酸性流体条件下的脱玻化作用比碱性条件下的脱玻化作用明显；(3) 不同岩性的水—岩反应效果不同，总体表现为玻屑凝灰岩水—岩反应效果最佳，晶屑玻屑凝灰岩和沉凝灰岩次之，硅化凝灰岩水—岩反应效果较差，泥质凝灰岩和凝灰质泥岩的水—岩反应效果最差；(4) 部分凝灰岩在水—岩反应后孔隙度和渗透率降低的原因可能是脱玻化形成的微孔被黏土矿物堵塞充填。

5.2.3 孔隙结构变化

水—岩反应前后对样品进行CT扫描，观察实验前后样品孔隙结构的变化。X-射线CT是利用锥形X-射线穿透物体，通过不同倍数的物镜放大图像，由360°旋转所得到的大量X-射线衰减图像重构出三维的立体模型。CT图像反映的是X-射线在穿透物体的过程中能量衰减的信息，因此三维CT图像能够真实地反映岩心内部的孔隙结构与相对密度大小。测试仪器为GE生产的微纳米双射线管岩心CT扫描系统 V|Tome|X S 180&240（图5.6），微米管电压为 0~240kV，纳米管电压为 0~180kV，微米管像素尺寸为 2~122μm，纳米管像素尺寸为 0.6~20μm，功率为 1~100W。

图 5.6 微纳米双射线管岩心CT扫描系统

本次CT扫描实验样品共6件（表5.3），主要有玻屑凝灰岩、晶屑玻屑凝灰岩、沉凝灰岩和硅化凝灰岩4种岩性。6件样品在温度为180℃，pH值为3和pH值为9的两种流体条件下实验，每种流体条件各3组实验。通过样品反应前后的CT扫描结果，分析样品水—岩反应前后孔喉结构的变化特征。

表5.3 水—岩反应CT扫描样品

样品编号	井号	深度（m）	岩性	温度（℃）	pH值
XJ044	马56井	2141.80	玻屑凝灰岩	180	3
XJ111	马56-12H井	2122.69	晶屑玻屑凝灰岩	180	3
XJ093	马7井	1788.92	沉凝灰岩	180	3
XJ094	马7井	1789.67	玻屑凝灰岩	180	9
XJ097	马7井	1793.10	硅化凝灰岩	180	9
XJ109	马56-12H井	2119.72	玻屑凝灰岩	180	9

（1）pH值为3和温度为180℃。

玻屑凝灰岩XJ044样品数字岩心分析结果显示（图5.7），玻屑凝灰岩微孔隙普遍发育，且无异质性（图5.7）。对比样品水—岩反应前后的二值分割图像（图5.7a、c），玻屑凝灰岩在水—岩反应后孔隙数量成倍增加；水—岩反应前后的三维孔隙网络模型显示（图5.7b、d），水—岩反应样品两个及以上孔隙之间的白色明显增多，红点之间的管道为孔隙之间的连接通道即喉道，喉道越多代表孔隙连通性越好。

a. 水—岩反应前二值分割图像

b. 水—岩反应前三维孔隙网络模型

c. 水—岩反应后二值分割图像

d. 水—岩反应后三维孔隙网络模型

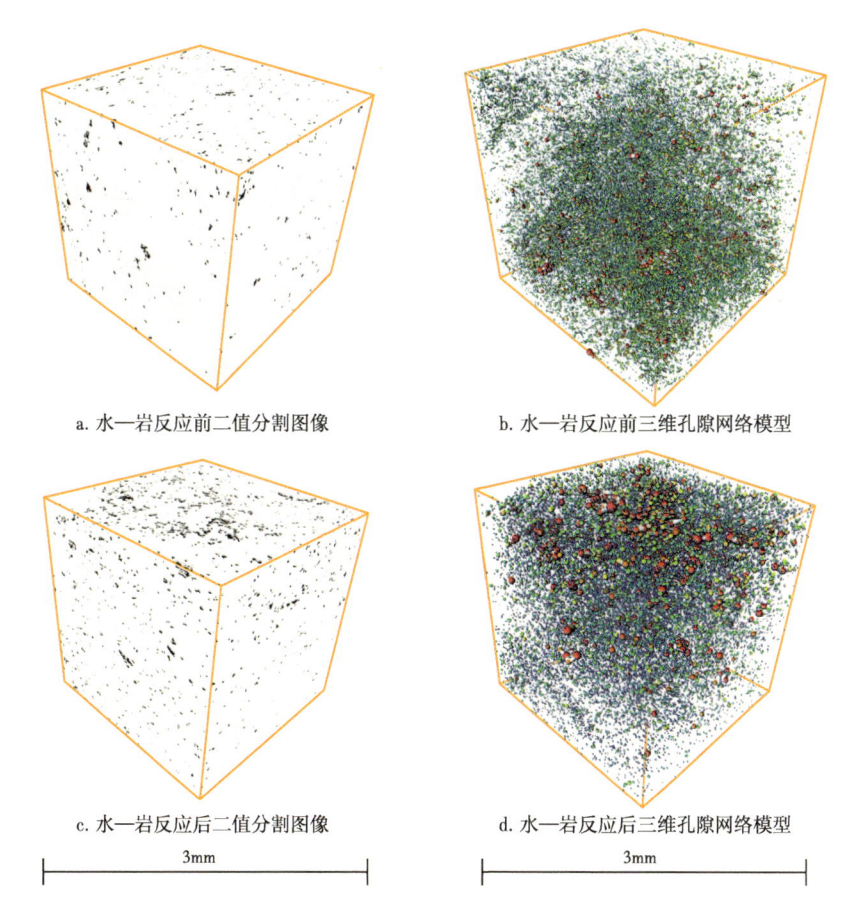

图5.7 基于微米CT扫描的玻屑凝灰岩XJ044样品数字岩心分析
二值分割图像中黑色为孔隙，白色为颗粒；三维孔隙网络模型中红色为孔隙，白色为喉道

玻屑凝灰岩的孔喉结构特征扫描结果显示（图 5.8），水—岩反应前玻屑凝灰岩孔隙半径主要分布在 5~10μm 之间，呈多峰式分布，反应后孔隙半径主要分布在 5~15μm 之间，反应后孔隙半径增大，峰值明显升高。反应前喉道半径呈多峰式分布，而反应后喉道半径分布相对集中，且主要分布在 5~15μm 之间，峰值较反应前也增加。反应后喉道半径也明显增大，主要分布在 2~12μm 之间，峰值也明显增大。同时，反应后配位数分布频率也呈不明显增加。

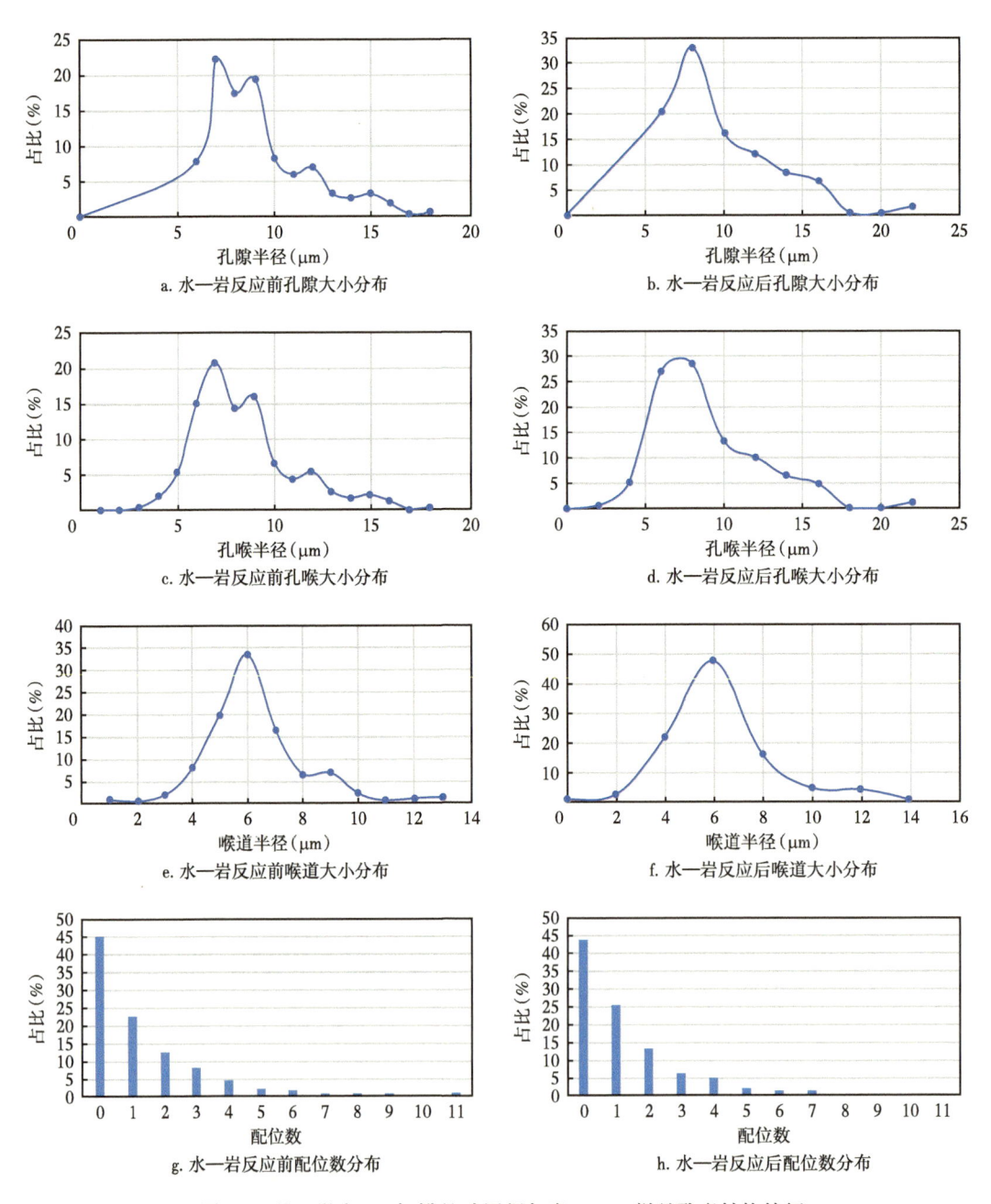

图 5.8　基于微米 CT 扫描的玻屑凝灰岩 XJ044 样品孔喉结构特征

5 凝灰岩水—岩反应模拟实验

晶屑玻屑凝灰岩 XJ111 样品的数字岩心分析结果显示（图 5.9），晶屑玻屑凝灰岩微孔隙也普遍发育，且无异质性（图 5.9）。对比样品水—岩反应前后的二值分割图像（图 5.9a、c），晶屑玻屑凝灰岩在水—岩反应后孔隙数量成倍增加；水—岩反应前后的三维孔隙网络模型显示（图 5.9b、d），水—岩反应后样品孔隙之间的白色管道明显增多，即喉道增多。

a. 水—岩反应前二值分割图像

b. 水—岩反应前三维孔隙网络模型

c. 水—岩反应后二值分割图像

d. 水—岩反应后三维孔隙网络模型

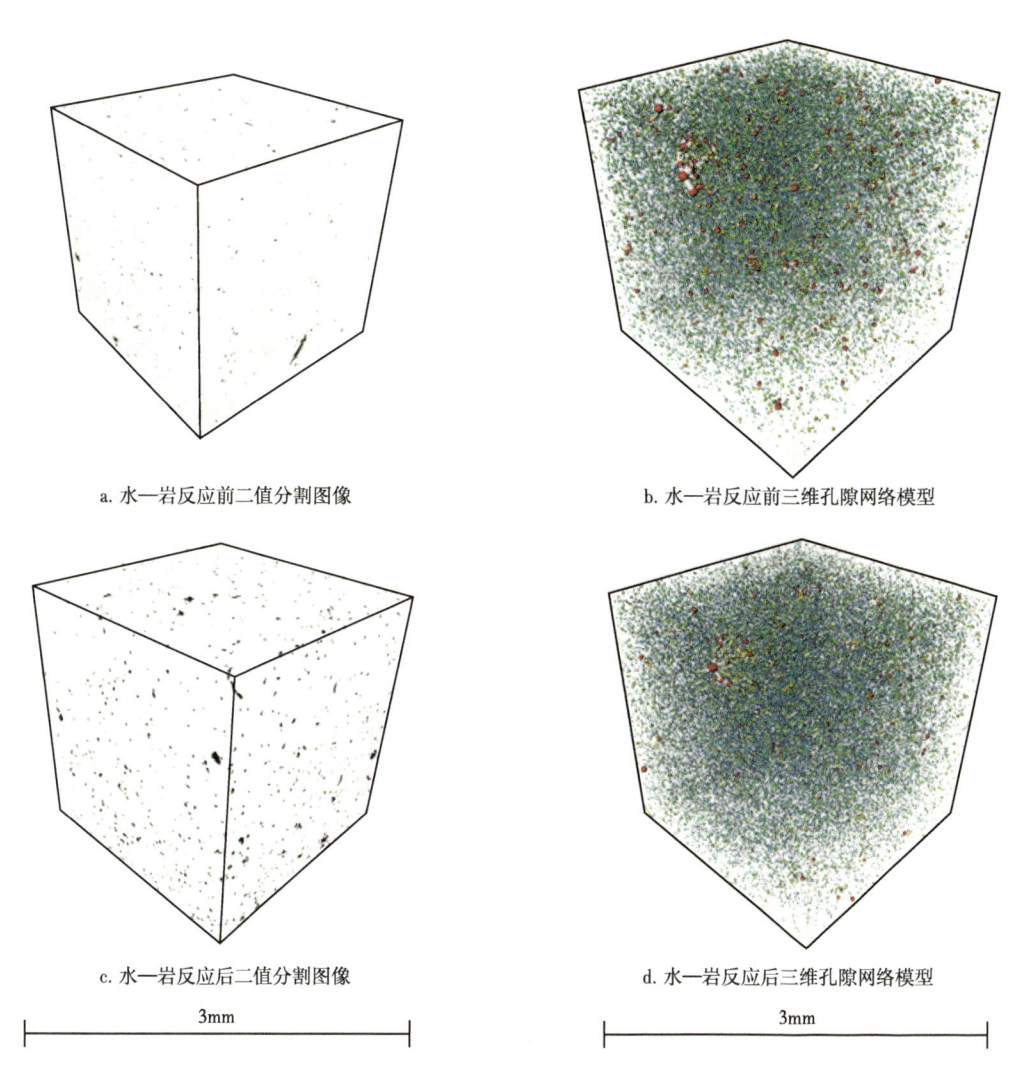

图 5.9 基于微米 CT 扫描的晶屑玻屑凝灰岩 XJ111 样品数字岩心分析
二值分割图像中黑色为孔隙，白色为颗粒；三维孔隙网络模型中红色为孔隙，白色为喉道

晶屑玻屑凝灰岩的孔喉结构特征扫描结果显示（图 5.10），水—岩反应前晶屑玻屑凝灰岩孔隙半径分布在 5~22μm 之间，反应后孔隙半径主要分布在 5~26μm 之间，反应后孔隙半径增大，孔隙半径占比几乎不变。反应后孔喉半径增大，且主要分布在 5~26μm 之间，占比较反应前几乎没变化；反应前后孔隙半径和孔喉半径呈多峰式变化；反应后喉道半径主要分布在 2~16μm 之间，较水—岩反应前半径变小，呈多峰式分布，喉道半径峰值降低；反应后配位数增加。

77

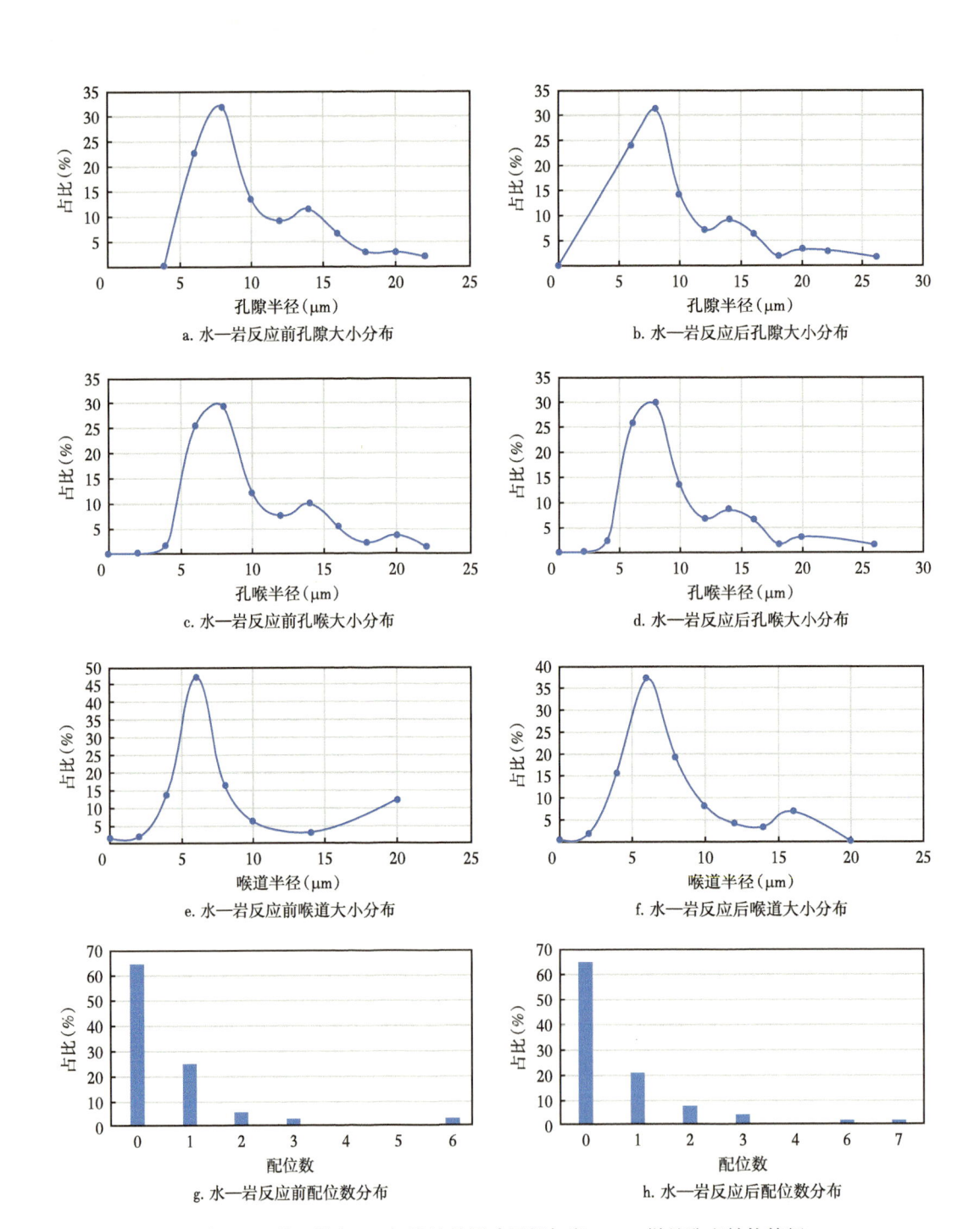

a. 水—岩反应前孔隙大小分布
b. 水—岩反应后孔隙大小分布
c. 水—岩反应前孔喉大小分布
d. 水—岩反应后孔喉大小分布
e. 水—岩反应前喉道大小分布
f. 水—岩反应后喉道大小分布
g. 水—岩反应前配位数分布
h. 水—岩反应后配位数分布

图 5.10 基于微米 CT 扫描的晶屑玻屑凝灰岩 XJ111 样品孔喉结构特征

沉凝灰岩 XJ093 样品数字岩心分析结果显示，沉凝灰岩微孔隙也普遍发育，且无异质性（图 5.11）。对比样品水—岩反应前后的二值分割图像（图 5.11a、c），沉凝灰岩在水—岩反应后孔隙数量成倍增加；水—岩反应前后的三维孔隙网络模型显示（图 5.11b、d），经水—岩反应后的样品孔隙喉道明显增多。

a. 水—岩反应前二值分割图像

b. 水—岩反应前三维孔隙网络模型

c. 水—岩反应后二值分割图像

d. 水—岩反应后三维孔隙网络模型

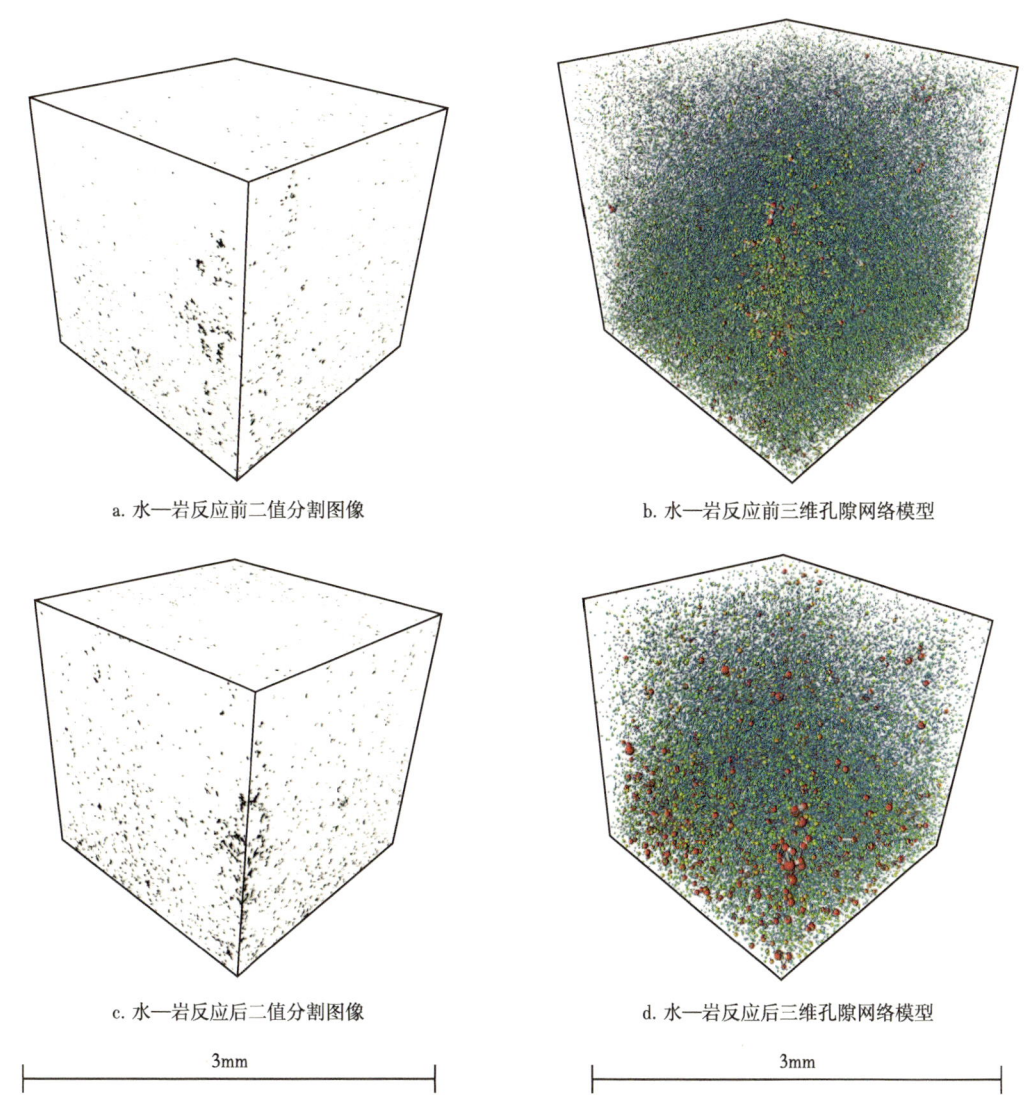

图 5.11　基于微米 CT 扫描的沉凝灰岩 XJ093 样品数字岩心分析

二值分割图像中黑色为孔隙，白色为颗粒；三维孔隙网络模型中红色为孔隙，白色为喉道

沉凝灰岩的孔喉结构特征扫描结果显示（图 5.12），水—岩反应前沉凝灰岩孔隙半径主要分布在 2~12μm 之间，反应后孔隙半径呈明显的双峰式分布，孔隙半径主要分布在 2~12μm 和 30~60μm 之间，反应后 2~12μm 的孔隙半径占比降低，出现了半径为 40~60μm 的大孔。反应后孔喉半径与孔隙半径变化特征相似，但孔喉半径在 2~12μm 之间的占比呈不明显升高；反应前后孔隙半径和孔喉半径呈多峰式变化。反应前喉道半径也呈双峰式变化，喉道半径主要分布在 2~8μm 和 20~35μm 之间，而水—岩反应后喉道半径主要分布在 2~8μm 之间，且呈单峰式分布，峰值明显升高。同时，水—岩反应后配位数显著增大，配位数的占比也明显增加。

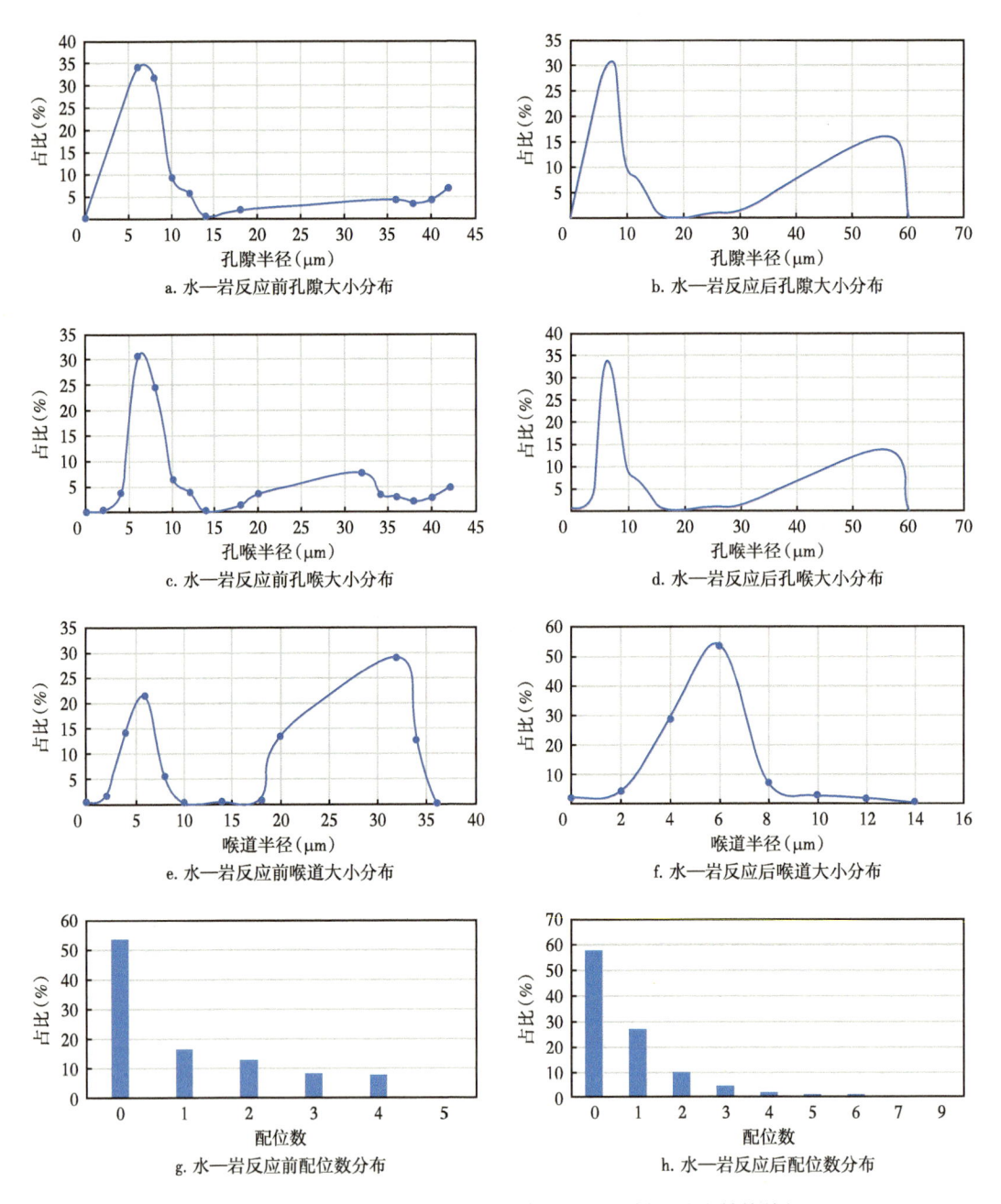

a. 水—岩反应前孔隙大小分布
b. 水—岩反应后孔隙大小分布
c. 水—岩反应前孔喉大小分布
d. 水—岩反应后孔喉大小分布
e. 水—岩反应前喉道大小分布
f. 水—岩反应后喉道大小分布
g. 水—岩反应前配位数分布
h. 水—岩反应后配位数分布

图 5.12 基于微米 CT 扫描的沉凝灰岩 XJ093 样品孔喉结构特征

（2）pH 值为 9 和温度为 180℃。

pH 值为 9、温度为 180℃ 条件下的玻屑凝灰岩 XJ094 样品数字岩心分析结果显示（图 5.13），玻屑凝灰岩微孔隙普遍发育，同时还发育裂缝（图 5.13）。对比样品水—岩反应前后的二值分割图像（图 5.13a、c），反应后孔隙数量有明显增加。水—岩反应前后的三维孔隙网络模型显示（图 5.13b、d），水—岩反应后样品破裂面喉道直径比水—岩反应前变得更粗大，且喉道数量明显增加。

a. 水—岩反应前二值分割图像

b. 水—岩反应前三维孔隙网络模型

c. 水—岩反应后二值分割图像

d. 水—岩反应后三维孔隙网络模型

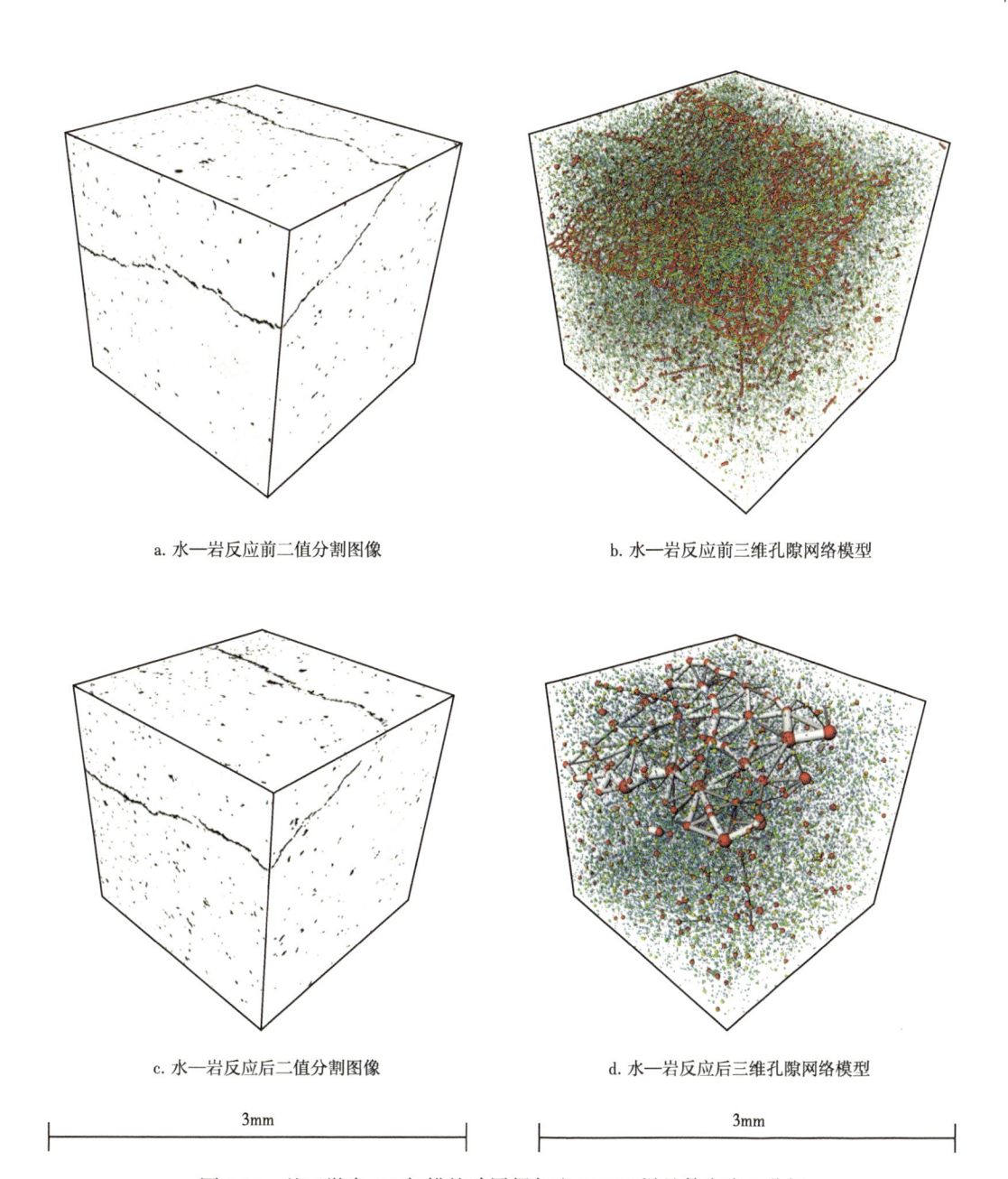

3mm

3mm

图 5.13　基于微米 CT 扫描的玻屑凝灰岩 XJ094 样品数字岩心分析
二值分割图像中黑色为孔隙，白色为颗粒；三维孔隙网络模型中红色为孔隙，白色为喉道

　　玻屑凝灰岩的孔喉结构特征扫描结果显示（图 5.14），水—岩反应前玻屑凝灰岩孔隙半径主要分布在 3~10μm 之间，反应后孔隙半径主要分布在 3~14μm 之间，反应后孔隙半径峰值略微降低。水—岩反应前后半孔喉半径与孔隙半径分布相似，但反应后孔喉半径明显增大，孔喉半径峰值明显降低。反应前喉道半径主要分布在 2~8μm 之间，水—岩反应后喉道半径主要分布在 2~10μm 之间，且喉道半径数值增大。同时，水—岩反应后配位数分布也呈不明显增加。

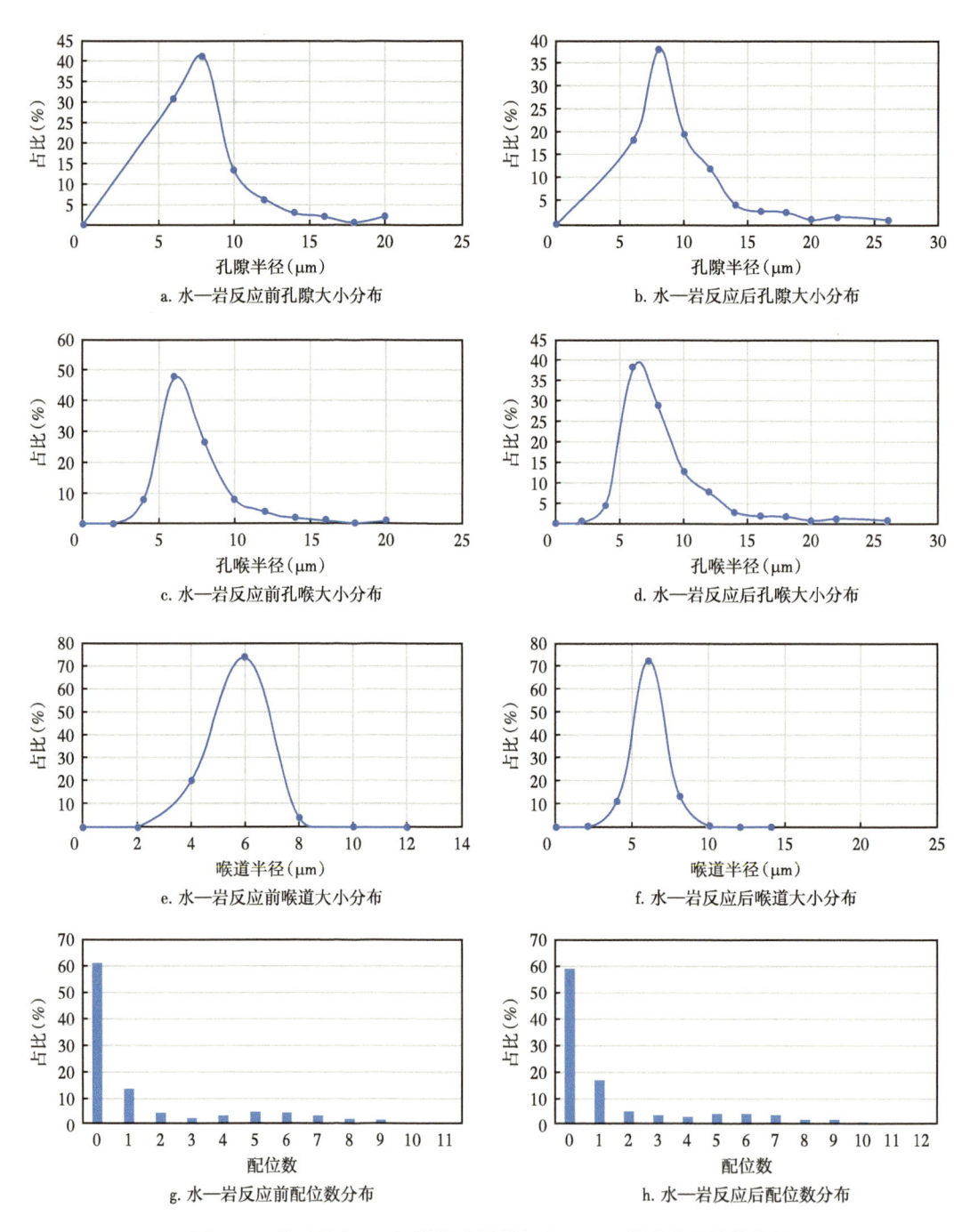

图 5.14 基于微米 CT 扫描的玻屑凝灰岩 XJ094 样品孔喉结构特征

pH 值为 9、温度为 180℃ 条件下的硅化凝灰岩 XJ097 样品数字岩心分析结果显示（图 5.15），硅化凝灰岩微孔隙普遍发育，无异质性。对比样品水—岩反应前后的二值分割图像（图 5.15a、c），反应后孔隙数量明显增加；水—岩反应前后的三维孔隙网络模型显示（图 5.15b、d），水—岩反应后样品喉道数量成倍增加。

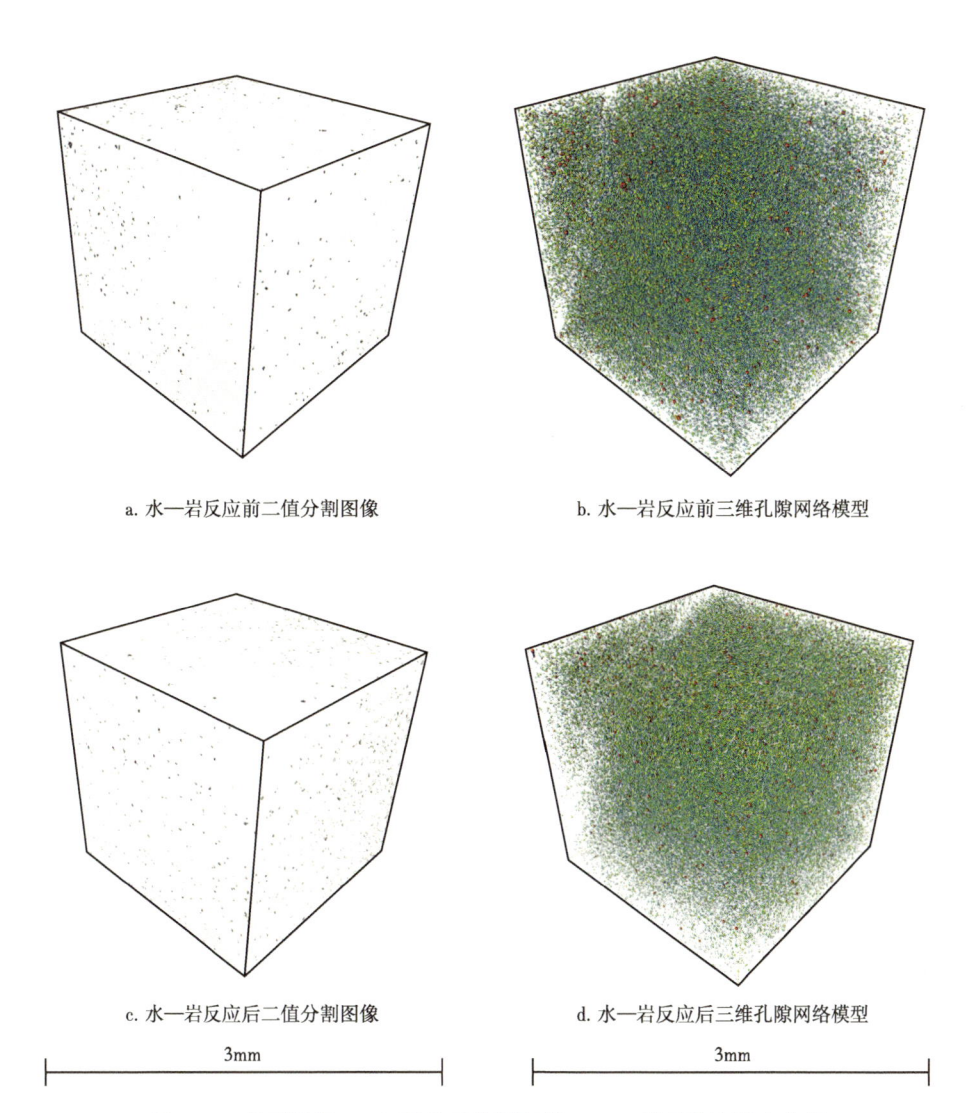

a. 水—岩反应前二值分割图像　　　　　b. 水—岩反应前三维孔隙网络模型

c. 水—岩反应后二值分割图像　　　　　d. 水—岩反应后三维孔隙网络模型

3mm　　　　　　　　　　　　　　　3mm

图 5.15　基于微米 CT 扫描的硅化凝灰岩 XJ097 样品数字岩心分析
二值分割图像中黑色为孔隙，白色为颗粒；三维孔隙网络模型中红色为孔隙，白色为喉道

硅化凝灰岩的孔喉结构特征扫描结果显示（图 5.16），水—岩反应前硅化凝灰岩孔隙半径主要分布在 5~10μm 之间，反应后孔隙半径主要分布在 5~9μm 之间，反应后孔隙半径减小，峰值明显升高。反应前孔喉半径变化特征与孔隙半径变化特征类似，反应前后孔喉半径均主要分布在 6~10μm 之间，峰值较反应前也增加。反应前喉道半径主要分布在 5~7μm 之间，反应后喉道半径变大，且主要分布在 4~8μm 之间，反应后峰值也明显降低。同时，反应后配位数占比也降低，但配位数值增大。

pH 值为 9、温度为 180℃ 条件下的玻屑凝灰岩 XJ109 样品数字岩心分析结果显示（图 5.17），玻屑凝灰岩微孔隙普遍发育，无异质性。对比样品水—岩反应前后的二值分割图像（图 5.17a、c），反应后孔隙数量成倍增加。水—岩反应前后的三维孔隙网络模型显示（图 5.17b、d），经水—岩反应后样品喉道数量成倍增加。

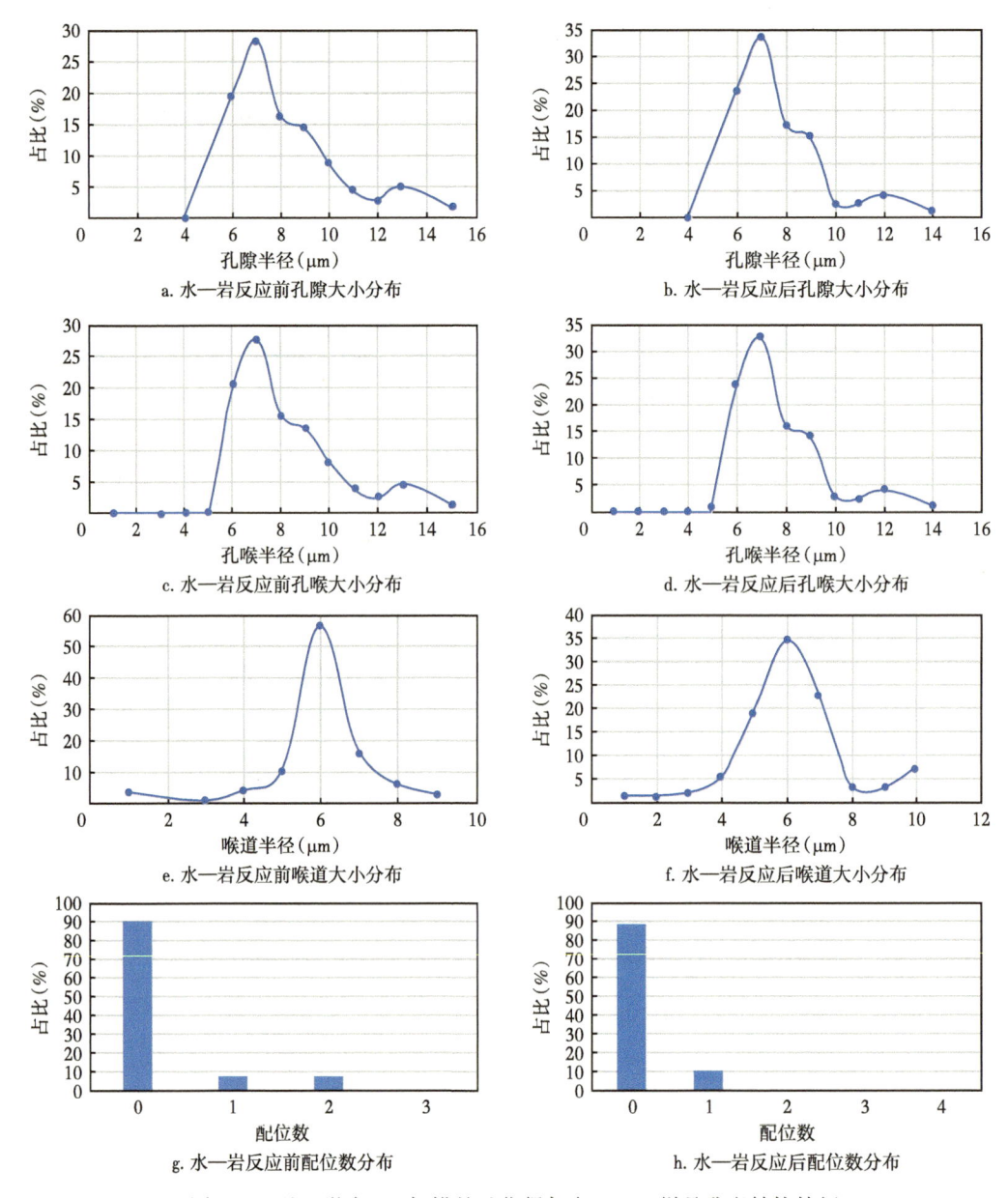

图5.16 基于微米CT扫描的硅化凝灰岩XJ097样品孔喉结构特征

  玻屑凝灰岩的孔喉结构特征扫描结果显示（图5.18），水—岩反应前后玻屑凝灰岩孔隙半径和孔喉半径均主要分布在5~10μm之间，反应后孔隙半径和孔喉半径曲线末端均呈降低状态，且峰值均降低。反应前喉道半径主要分布在4~8μm之间，反应后喉道半径变大，且主要分布在4~9μm之间，反应后峰值无明显变化。同时，反应后配位数分布频率增高，同时配位数值增大。

  本次CT扫描的数字岩心分析和孔喉结构特征分析显示：（1）同一流体条件下，玻屑凝灰岩的水—岩反应最强烈，其次为晶屑玻屑凝灰岩，沉凝灰岩反应效果较好，硅化凝灰岩水—岩反应效果最差；（2）对比不同流体条件下同种岩性的二值分割图像和三维孔隙网络模型图，酸性流体条件下凝灰岩的水—岩反应更强烈，脱玻化作用进行得更彻底，增孔效果更好；（3）配位数分布指示玻屑凝灰岩的孔隙连通性最好，其次为晶屑玻屑凝灰岩，沉凝灰岩孔隙连通性一般，硅化凝灰岩孔隙连通性最差。

a. 水—岩反应前二值分割图像

b. 水—岩反应前三维孔隙网络模型

c. 水—岩反应后二值分割图像

d. 水—岩反应后三维孔隙网络模型

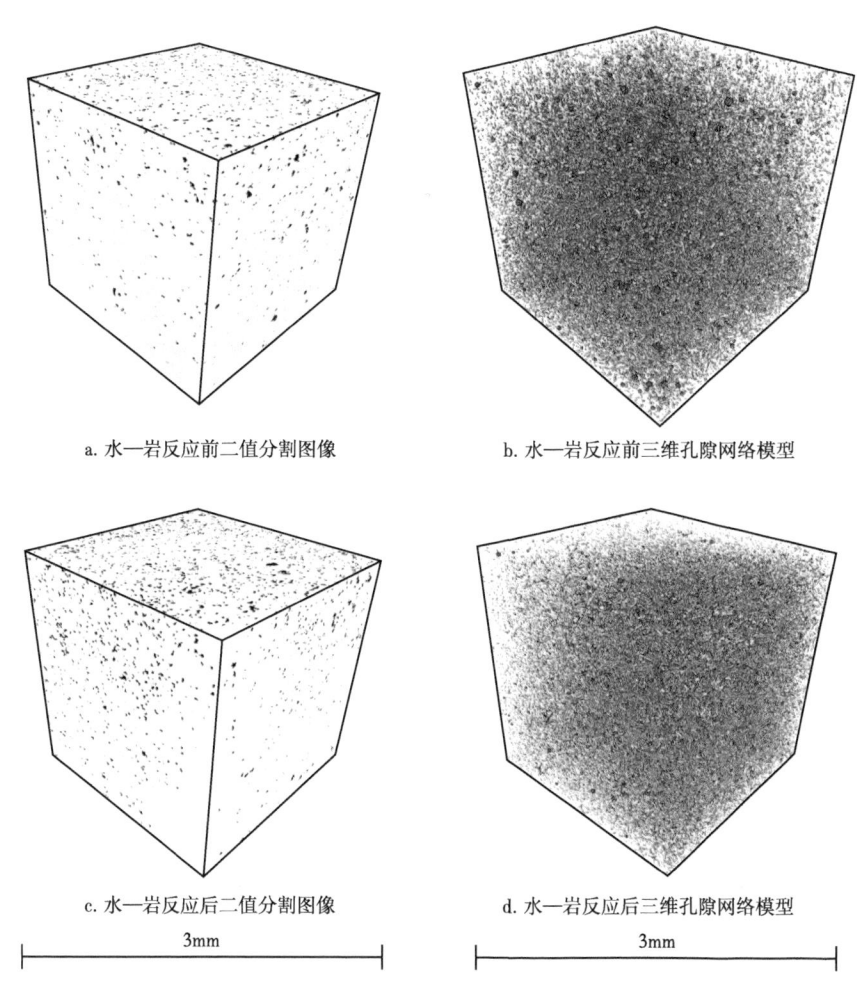

图 5.17　基于微米 CT 扫描的玻屑凝灰岩 XJ109 样品数字岩心分析

二值分割图像中黑色为孔隙，白色为颗粒；三维孔隙网络模型中红色为孔隙，白色为喉道

5.2.4　流体和矿物成分变化

本次水—岩反应的柱体样有 19 件、块样 15 件，共 34 件。将 34 件样品分别置于 pH 值为 3 的有机酸和 pH 值为 9 的碱性流体条件下，且同一流体条件下设置 3 组实验温度，分别为 100℃、140℃和 180℃，实验压强均为 3MPa。实验分 4 组完成，实验结果见表 5.4。通过对不同样品水—岩反应后的主要离子进行检测，探讨样品流体和矿物成分的变化。不同有机酸对不同矿物所表现的溶蚀改造程度不同，其改造能力受水—岩反应过程中的热力学机制和发生反应的矿物在溶解—沉淀反应中的动力学特征影响（常秋红等，2021）。此外，流体性质对矿物的溶蚀也有着重要的影响。

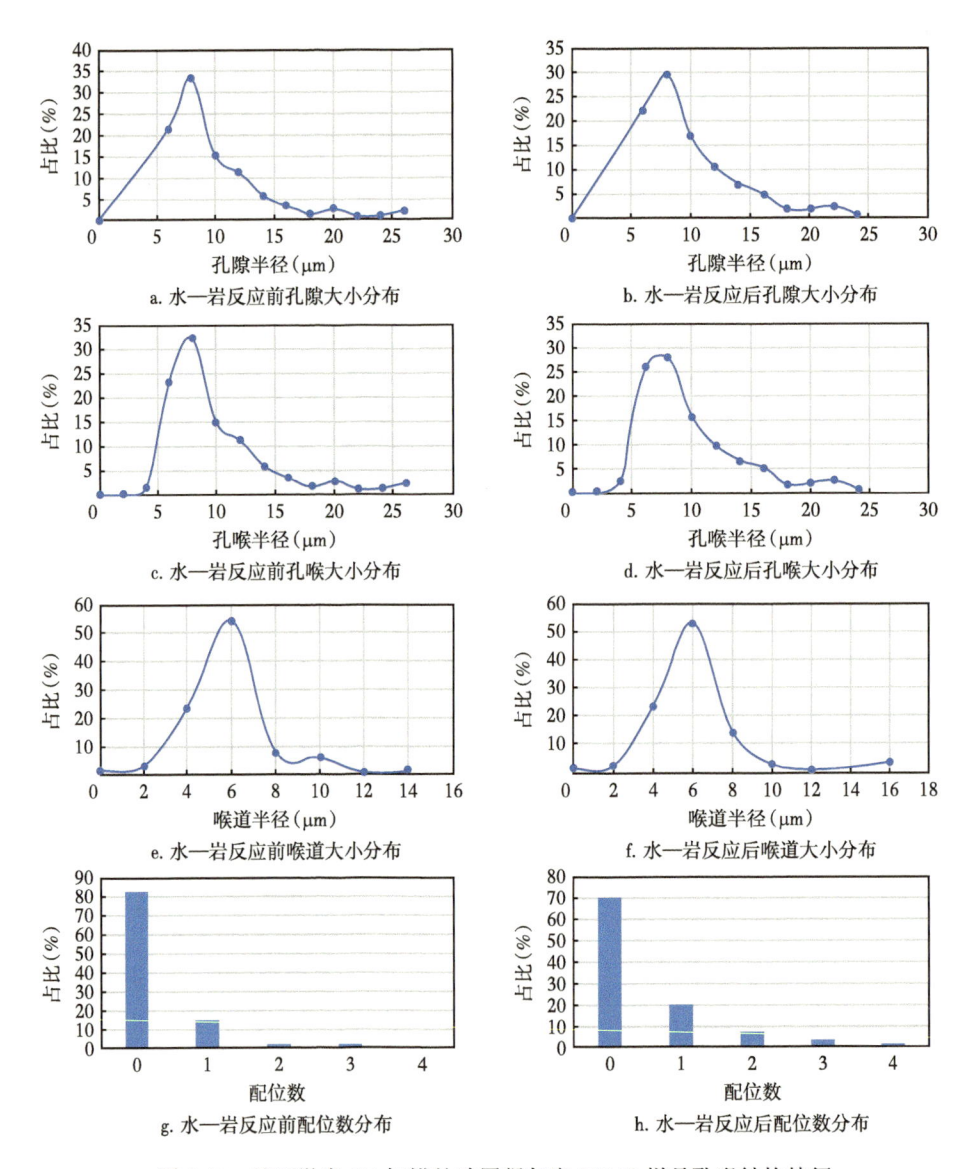

图 5.18　基于微米 CT 扫描的玻屑凝灰岩 XJ109 样品孔喉结构特征

实验结果显示，凝灰岩经水—岩反应后主要溶解出的离子为 Na^+、Si^{4+}、K^+、Al^{3+}，其中，Na^+ 质量浓度最高，最大值为 136.15mg/L，其次 Si^{4+} 质量浓度也较高，最大值为 68.28mg/L，K^+、Al^{3+} 次之；而溶液中 Ca^{2+}、Fe^{2+}、Fe^{3+}、Mn^{2+}、Mg^{2+} 较少或几乎没有，这与流体对硅酸盐矿物和碳酸盐矿物不同的溶蚀改造能力的表现有关（李承泽，2022）。不同的岩性，离子质量浓度有所不同，总体表现为玻屑凝灰岩数值变化最大，其次为晶屑玻屑凝灰岩，硅化凝灰岩变化最小，这与玻屑凝灰岩物性最好，晶屑玻屑凝灰岩物性中等，硅化凝灰岩物性最差相吻合。

在不同流体条件下，玻屑凝灰岩主要离子变化不同。分析结果显示（表 5.4），Na^+、Si^{4+}、K^+、Al^{3+} 在酸性条件下质量浓度基本均高于碱性条件下的离子质量浓度。结果表明，酸性流体条件下的凝灰岩水—岩反应进行得更加彻底。

5 凝灰岩水—岩反应模拟实验

表 5.4 条湖组凝灰岩水—岩反应后离子质量浓度测试结果

编号	井号	岩性	深度 (m)	pH值	温度 (℃)	Al^{3+} (mg/L)	Ca^{2+} (mg/L)	K^+ (mg/L)	Mg^{2+} (mg/L)	Na^+ (mg/L)	Fe^{2+}和Fe^{3+} (mg/L)	Mn^{2+} (mg/L)	Si^{4+} (mg/L)
XJ045-3	马56井	油迹玻屑凝灰岩	2142.90	3	100	5.7843	0	0.3919	1.3959	22.1235	1.3814	0.2535	12.3830
XJ041-3	马56-133H井	油迹玻屑凝灰岩	2650.56	3	100	0.0696	18.9037	0.4576	0.8261	14.8281	0	0.1001	6.6211
XJ075-2	马56-15H井	玻屑凝灰岩	2260.33	3	100	0.4431	0	0.1514	0	24.8139	0	0	4.8657
XJ045-2	马56井	油迹玻屑凝灰岩	2142.90	3	140	1.0092	13.8978	0.9648	0.0902	22.1035	0.1217	0.0379	20.8179
XJ041-2	马56-133H井	油迹玻屑凝灰岩	2650.56	3	140	0.4414	1.1842	0.9322	0.0424	136.1462	0.0232	0.0380	19.2649
XJ070	马56-15H井	玻屑凝灰岩	2251.08	3	140	0.2301	0.1621	0.8811	0	9.8703	0.0889	0.0270	28.0713
XJ095-3	马7井	玻屑凝灰岩	1790.87	3	140	3.6816	0	2.6106	1.1641	38.3626	1.4952	0.2278	24.8622
XJ044	马56井	油迹玻屑凝灰岩	2141.80	3	180	0.1379	0	0.4602	0	29.1964	0	0	22.6526
XJ110	马56井	玻屑凝灰岩	2121.09	3	180	0.0328	1.3238	0.5771	0	72.2698	0	0.0026	0.5622
XJ008-2	马104H井(导眼)	晶屑玻屑凝灰岩	2125.20	3	100	0.2344	0	1.2761	0	25.0783	0	0	3.0823
XJ066-7	马7井	晶屑玻屑凝灰岩	2247.50	3	100	0.4542	0	0.1516	1.8795	38.0816	4.6274	0.2438	4.8528
XJ101-2	马7井	晶屑玻屑凝灰岩	1887.18	3	140	6.5545	0.3036	0.3874	0.4129	5.7670	0.0496	0.0478	16.2051
XJ008-5	马104H井(导眼)	晶屑玻屑凝灰岩	2125.20	3	140	1.9182	2.6530	1.5024	1.7011	7.7725	1.8240	0.2227	5.1979
XJ101-3	马7井	晶屑玻屑凝灰岩	1887.18	3	140	3.0996	0.3834	1.6831	0.1713	41.4468	0	0.0662	30.6246
XJ111	马56-12H井	晶屑玻屑凝灰岩	2122.69	3	180	0.1314	0	0.7880	0	26.4760	0	0	24.5201
XJ001	马104H井(导眼)	硅化凝灰岩	2123.25	3	180	0.0064	0	0.2503	0.1215	43.1181	0	0	16.7787
XJ047	马56井	玻屑凝灰岩	2144.62	3	180	0.2124	19.3266	0.4364	0	55.9212	0.0350	0	19.0441
XJ135	条27井	沉凝灰岩	2850.40	3	140	0	0	2.3126	0	66.2793	0	0	52.3371
XJ093	马7井	沉凝灰岩	1788.92	3	180	0.0792	0	0.4027	0	18.0142	0	0	11.7442
XJ100-5	马56-133H井	晶屑玻屑凝灰岩	1885.30	9	100	0.1788	0	0.2291	0	7.1609	0	0	6.9625
XJ066-3	马7井	晶屑玻屑凝灰岩	2247.50	9	140	0	0	0.1758	0	0	0	0	3.9473
XJ031	马56-15H井	晶屑玻屑凝灰岩	2268.50	9	180	0	0	0.1980	0	38.5382	0	0	0.6449
XJ035	马55井	晶屑玻屑凝灰岩	2271.25	9	180	0.5333	6.8835	3.9016	0.0561	117.1883	0.0410	0.0024	28.5019
XJ133	条27井	硅化凝灰岩	2848.47	9	140	0.0456	0	1.2150	0	5.3093	0	0	68.2754
XJ097	马7井	硅化凝灰岩	1793.10	9	180	0.4555	0	0.6903	0	21.2341	0	0	21.0253
XJ016	马104H井(导眼)	油迹玻屑凝灰岩	2142.86	9	100	0.7660	5.0712	0.3995	0	16.8932	0	0.0033	29.2518
XJ041-6	马56-133H井	油迹玻屑凝灰岩	2650.56	9	100	0.5637	1.2529	0.1849	0	22.7381	0	0	5.8239
XJ076-6	马7井	玻屑凝灰岩	2262.33	9	140	0.5283	0	0.1821	0	28.7650	0	0.0004	5.2623
XJ095-6	马7井	玻屑凝灰岩	1790.87	9	140	0.5973	4.5459	0.1440	0	6.7027	0	0	4.3970
XJ076-2	马7井	玻屑凝灰岩	2262.33	9	180	0.1184	0.8387	0.5801	0	78.3039	0	0	25.7643
XJ094	马7井	油迹玻屑凝灰岩	1789.67	9	180	0.0637	2.6225	0.8278	0	19.7352	0	0	26.8261
XJ109	马56-12H井	玻屑凝灰岩	2119.72	9	180	0.0946	0	0.9645	0	52.9412	0	0	22.1944
XJ113	马56-12H井	玻屑凝灰岩	2124.21	9	180	0.1125	0	0.4917	0	30.3790	0	0	28.4366
XJ048	马56井	油迹玻屑凝灰岩	2145.07	9	—	0.1155	0	0	0	9.1661	0	0	0
		水—岩反应母液	—	9	—	0	0	0	0	0	0	0	0
		水—岩反应母液	—	3	—	0	0	0	0	0	0	0	0

5.3 条湖组凝灰岩脱玻化成孔机制

脱玻化作用是促进优质储层形成的关键。脱玻化孔在凝灰岩中所占的比例较大，计算结果表明凝灰岩70%的孔隙来源于脱玻化孔。研究区凝灰岩平均孔隙度约为15%，脱玻化作用受岩石类型、温度、压力和酸碱度等因素影响。

5.3.1 矿物和元素组成对脱玻化的影响

利用全岩X-射线衍射分析，得到了玻屑凝灰岩、晶屑玻屑凝灰岩、泥质凝灰岩和硅化凝灰岩的矿物组分及含量。凝灰岩主要矿物为石英、斜长石、钾长石和黏土矿物，其中玻屑凝灰岩黏土矿物含量约为18%，晶屑玻屑凝灰岩黏土矿物含量约为17%，硅化凝灰岩黏土矿物含量约为11%（图5.19）。研究区马36-16井、芦102H井和芦104H井油迹凝灰岩中方沸石含量高，可能是早期成岩环境为碱性，火山物质蚀变产生的。泥岩的主要矿物为石英、斜长石和黏土矿物，其中黏土矿物含量为38%。据条二段致密储层黏土矿物含量与孔渗关系（图5.20）及不同岩性的孔渗统计数据（表5.5），玻屑凝灰岩和晶屑玻屑凝灰岩以长英质为主，特别是石英和斜长石含量高，抗压能力强，颗粒质点间孔隙保存好，且脱玻化作用强；另一方面泥质含量越多，孔渗越差，可能是黏土物质为塑性、软性成分，受压易变形，其含量越多对储层孔隙保存越不利，同时泥质含量越多，越不利于脱玻化作用进行，储层物性越差。

图5.19 玻屑凝灰岩、晶屑玻屑凝灰岩和硅化凝灰岩矿物组分统计图

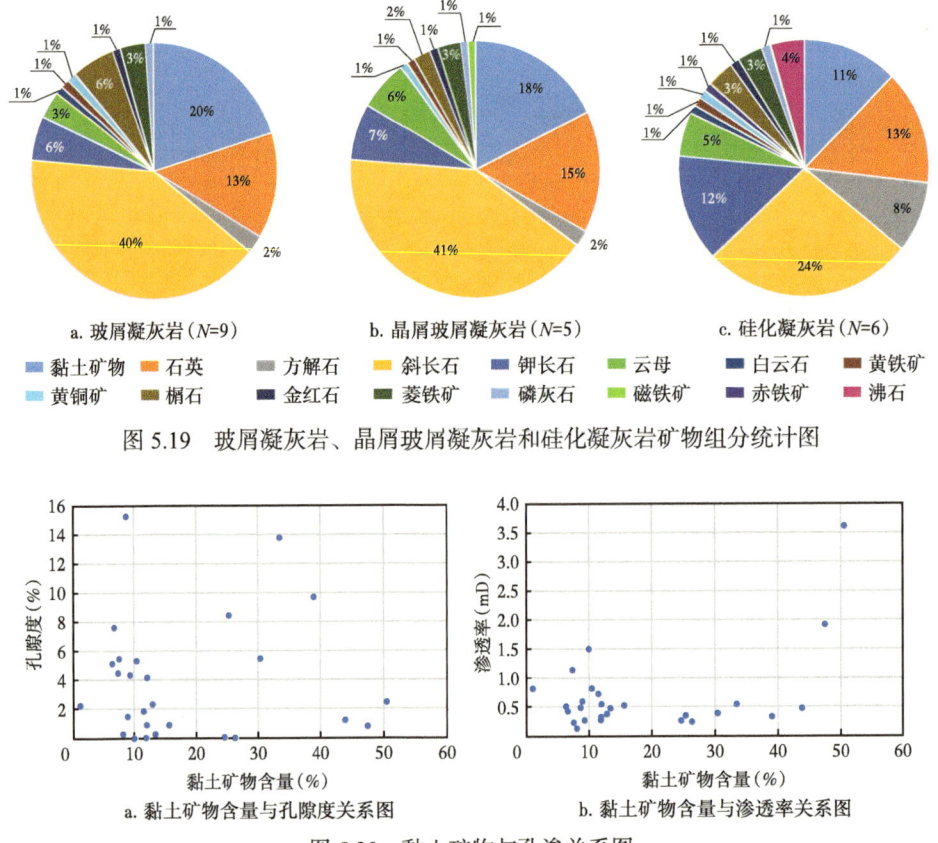

图5.20 黏土矿物与孔渗关系图
a. 黏土矿物含量与孔隙度关系图
b. 黏土矿物含量与渗透率关系图

表 5.5 不同岩性孔渗统计表

岩性	井号	气测孔隙度（%）			渗透率（mD）			样品数
		最大值	最小值	平均值	最大值	最小值	平均值	
玻屑凝灰岩	马56井、条27井等	13.79	0.05	5.36	3.62	0.27	0.9	9
晶屑玻屑凝灰岩	马55井、马56井等	9.64	0.06	3.48	0.71	0.22	0.4	5
泥质凝灰岩	马62H井	5.38	5.38	5.38	0.821	0.821	0.821	1
硅化凝灰岩	条27井、芦102H井等	4.37	0.01	1.19	1.93	0.124	0.58	6

全岩主量元素分析结果如图 5.21 所示，玻屑凝灰岩 SiO_2 含量与孔隙度具有较好相关性。SiO_2 除了形成石英外，同时也是长石的重要组成部分，结合全岩 X-射线衍射分析，孔隙度最好的样品一般是 SiO_2 含量和斜长石含量高的样品，如马 56-12H 井 2119.72m 井段，玻屑凝灰岩 SiO_2 含量为 84.9%，斜长石含量为 35%，气测孔隙度为 13.79%。

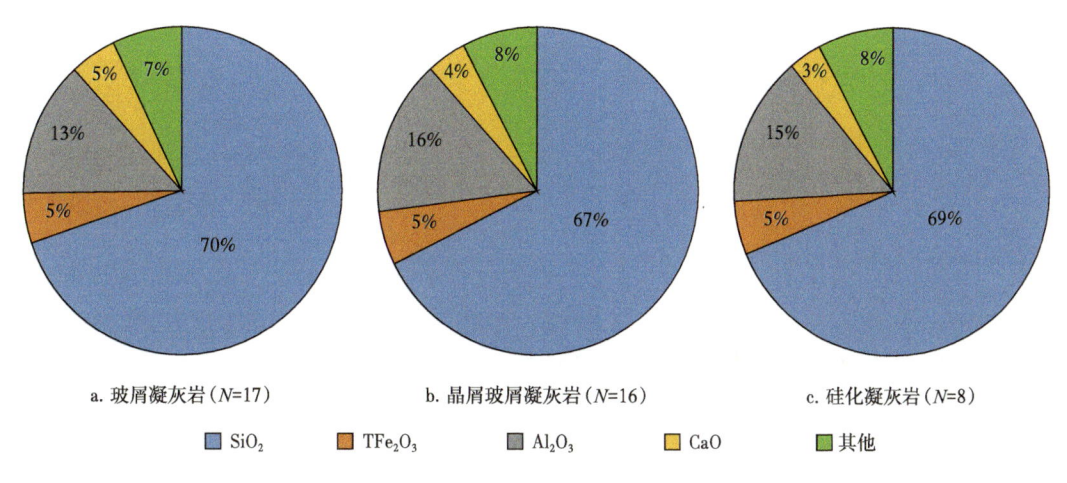

图 5.21 玻屑凝灰岩、晶屑玻屑凝灰岩和硅化凝灰岩主量元素组成

5.3.2 水—岩反应作用过程

水—岩反应脱玻化作用在开放体系中进行，包括玻璃质的重结晶、溶解—沉淀、金属离子的迁移转化等一系列地球化学作用，形成新的矿物时体积缩小，从而形成微孔隙，玻璃质脱玻化形成的铝硅酸盐等矿物在酸性流体的作用下发生溶蚀，又产生了溶蚀微孔隙，二者可构成凝灰岩储集空间的主要部分。中酸性玻璃质的凝灰物质经脱玻化作用形成以石英和长石为主要矿物的化学反应为

$$凝灰质 + H_2O \longrightarrow 石英 + 长石 + 黏土矿物 \tag{5.1}$$

脱玻化作用是条湖组凝灰岩储层最重要的增孔作用，凝灰岩中绝大部分孔隙均是脱玻化作用形成的。条湖组凝灰岩岩石类型以玻屑凝灰岩为主，而玻屑的主要成分是玻璃质，玻璃质是一种极不稳定组分，处于热力学不稳定状态，因而火山玻璃总是趋向晶体方向转化。火山玻璃发生脱玻化作用形成新矿物时体积缩小，从而形成微孔隙。

通过水—岩模拟实验和各种地球化学分析,条湖组凝灰岩在流体作用下主要发生以下6种水—岩反应。

(1)石英和长石的形成。

石英作为脱玻化过程的主要产物,火山玻璃中高含量的SiO_2中具有的Si—O四面体含量更高、共用氧角顶数增多、而氧的有效静电荷减少,因此对阳离子吸引能力下降,含有氧的Si—O、Al—O结构更容易从原来的玻璃质中脱离出来,尤其是玻璃质中Mg、Fe含量少,而Si、Na、K含量高时利于形成石英、长石(图5.22),具体反应为

$$SiO_2+H_2O \longrightarrow 石英 +H_2O \qquad (5.2)$$

$$SiO_2+Al_3O_2+K_2O(Na_2O,CaO) \longrightarrow 长石质 \qquad (5.3)$$

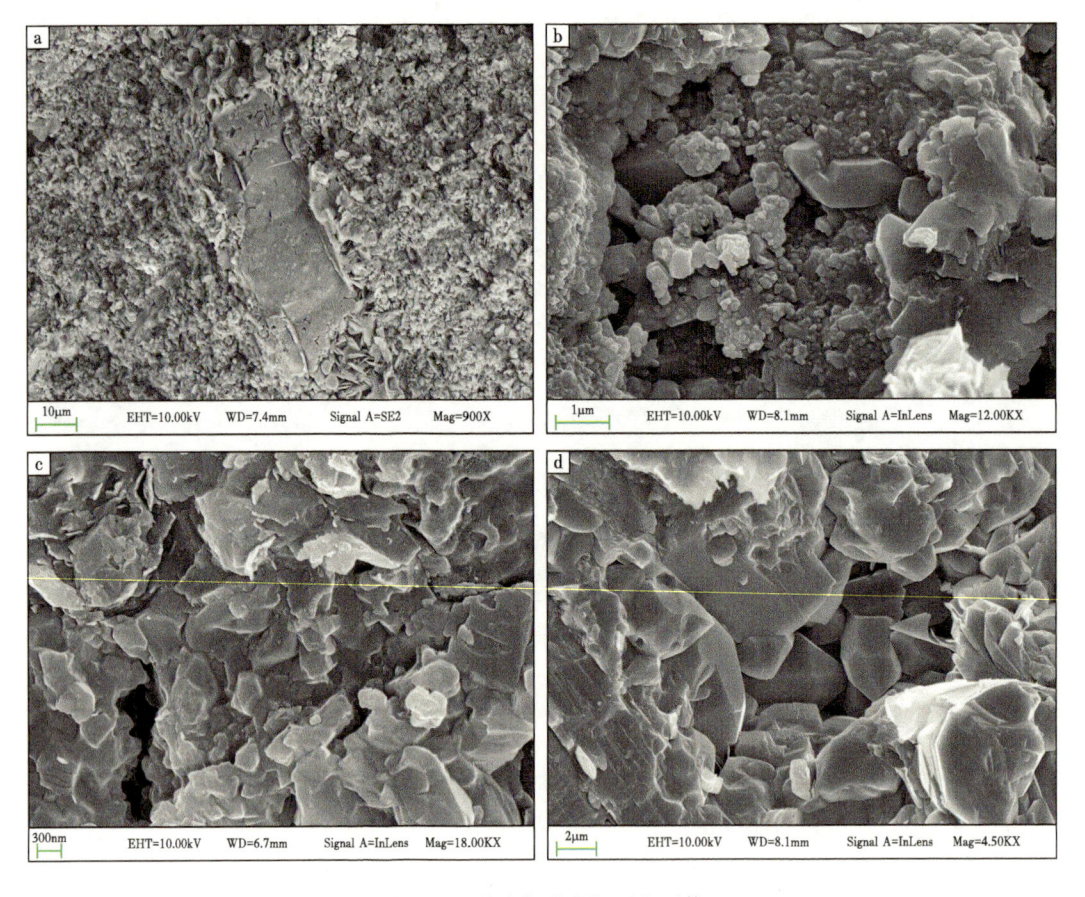

图5.22 脱玻化形成长石和石英

a.玻屑局部脱玻化形成钾长石,玻屑凝灰岩,马56-133井,2650.56m;b.脱玻化形成钠长石,玻屑凝灰岩,马56井,2142.9m;c.脱玻化的微晶石英呈镶嵌状接触,晶屑玻屑凝灰岩,芦104H井,2125.2m;d.脱玻化的微晶石英间孔,晶屑玻屑凝灰岩,马56-15H井,2260.33m

(2)黏土矿物的形成。

条湖组凝灰岩自生黏土矿物种类主要有自生伊利石和自生绿泥石两种。自生伊利石多呈片状,脱玻化过程叠加富钾流体作用可形成自生伊利石,脱玻化作用形成的钾长石亦可转化为伊利石。当火山玻璃中Mg、Fe含量较高时,玻璃质就会向绿泥石转化,特

别是在碱性成岩环境下更有利于向绿泥石转化，绿泥石多呈片状和针叶状（图 5.23）。具体反应为

$$SiO_2+Al_2O_3+K_2O \longrightarrow 伊利石 \qquad (5.4)$$

$$SiO_2+Al_2O_3+K_2O（Na_2O）+CaO（FeO，MgO）\longrightarrow 绿泥石 \qquad (5.5)$$

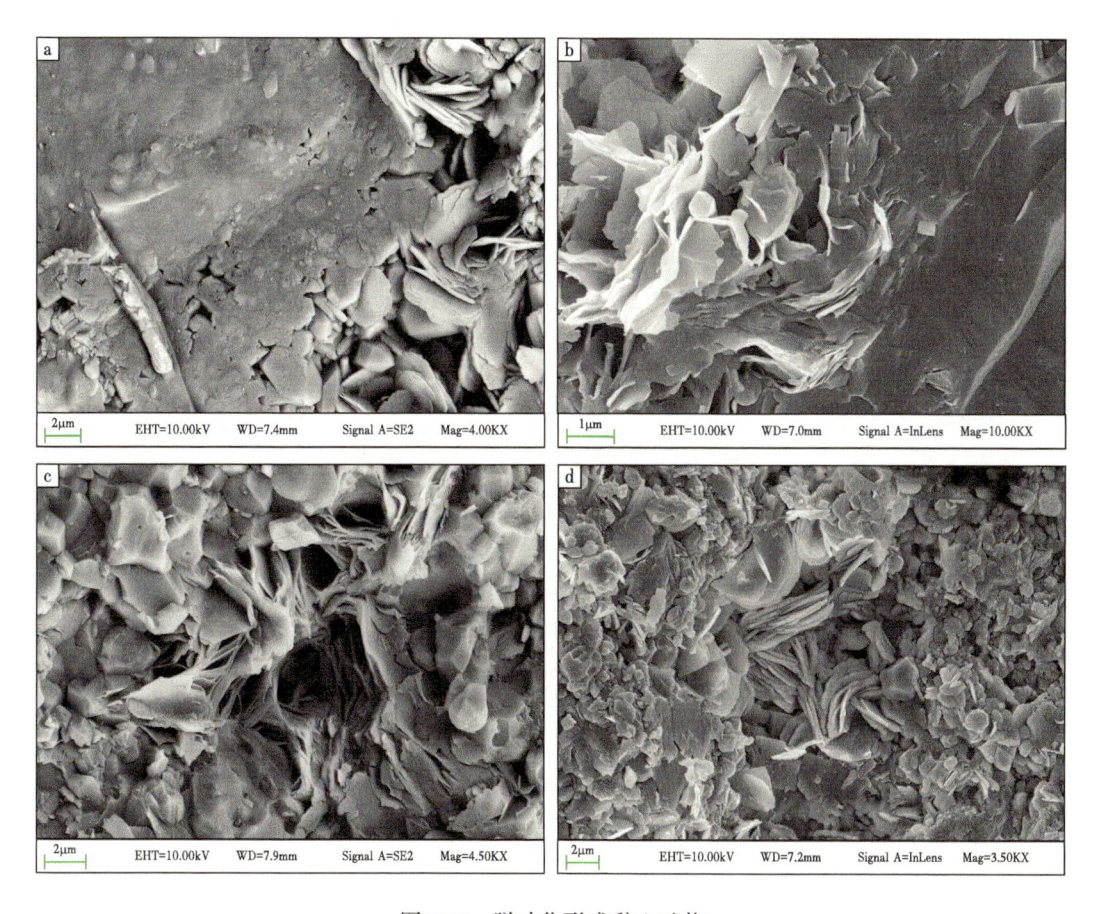

图 5.23 脱玻化形成黏土矿物

a. 钾长石边缘伊利石化作用明显，玻屑凝灰岩，马 56-133 井，2650.56m；b. 钠长石边缘伊利石化作用明显，晶屑玻屑凝灰岩，马 56-15H 井，2247.5m；c. 自生片状绿泥石集合体，玻屑凝灰岩，马 56-15H 井，2650.56m；d. 针叶状自生绿泥石集合体，玻屑凝灰岩，马 56-133 井，2650.56m

（3）斜长石转变为钾长石。

条湖组凝灰岩在脱玻化过程中，斜长石转变为钾长石（钾化作用）明显，表现为在交代和水解作用下，钠长石向钾长石转变，即在钠长石颗粒边缘形成钾长石，同时可形成伊利石和石英等，在钾长石边部发育大量脱玻化孔隙（图 5.24），具体反应为

$$3NaAlSi_3O_8（钠长石）+3K^++2H^++H_2O = 3KAlSi_3O_8（钾长石）+3Na^++2H^++H_2O \qquad (5.6)$$

$$3NaAlSi_3O_8（钠长石）+K^++2H^++H_2O = KAl_3Si_3O_{10}（OH）_2（伊利石）+ \\ 3Na^++6SiO_2（石英）+H_2O \qquad (5.7)$$

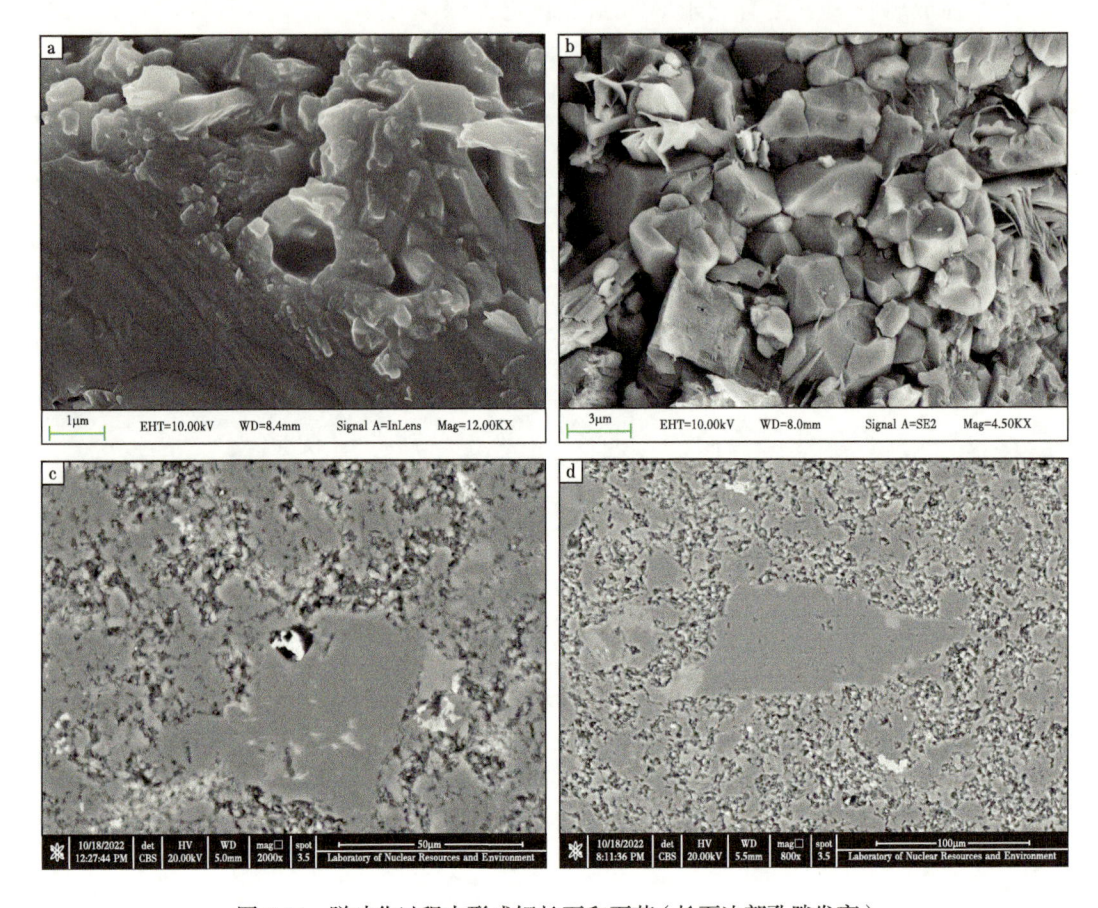

图 5.24　脱玻化过程中形成钾长石和石英（长石边部孔隙发育）

a. 脱玻化过程中钠长石钾长石化，边缘形成钾长石，晶屑玻屑凝灰岩，马 7 井，1885.3m；b. 钠长石水解形成镶嵌状石英和片状伊利石集合体，玻屑凝灰岩，马 56-15H 井，2260.33m；c. 脱玻化过程中钠长石钾长石化，边缘形成钾长石，孔隙发育，被有机质充填，玻屑凝灰岩，芦 1 井，2546.86m；d. 斜长石边部钾长石化，晶屑玻屑凝灰岩，马 7 井，1887.18m

5.3.3　脱玻化主控因素

（1）温度。

水—岩反应在 100℃、140℃ 和 180℃ 的温度及 3MPa 的压力条件下进行，玻屑凝灰岩在 140℃ 条件下孔隙度增加最大，孔隙度增加最大值为 16.31%，当温度超过 140℃ 后，孔隙度逐渐降低，孔隙度变化呈现出两个阶段，分别为升温增孔阶段和升温降孔阶段（图 5.25）；实验前后渗透率变化不大，180℃ 条件下玻屑凝灰岩渗透率平均增加了 0.184mD。泥质凝灰岩和硅化凝灰岩实验前后孔隙度变化较小。

（2）凝灰岩地球化学组成。

① SiO_2 含量：玻屑凝灰岩中 SiO_2 含量大于晶屑玻屑凝灰岩中 SiO_2 含量，玻屑凝灰岩的孔渗数值总体大于晶屑玻屑凝灰岩，SiO_2 含量越高，岩浆熔体 Si—O 四面体含量越高，Si^{4+} 的聚合程度越高，脱玻化作用越强；② SiO_2/Al_2O_3 比值：玻屑凝灰岩 SiO_2/Al_2O_3 比值介于 3.66%~6.89%，晶屑玻屑凝灰岩 SiO_2/Al_2O_3 比值介于 3.14%~3.75%，

SiO$_2$/Al$_2$O$_3$ 比值越高，在脱玻化过程中石英、长石等高聚合程度矿物越多，产生的脱玻化孔越多。

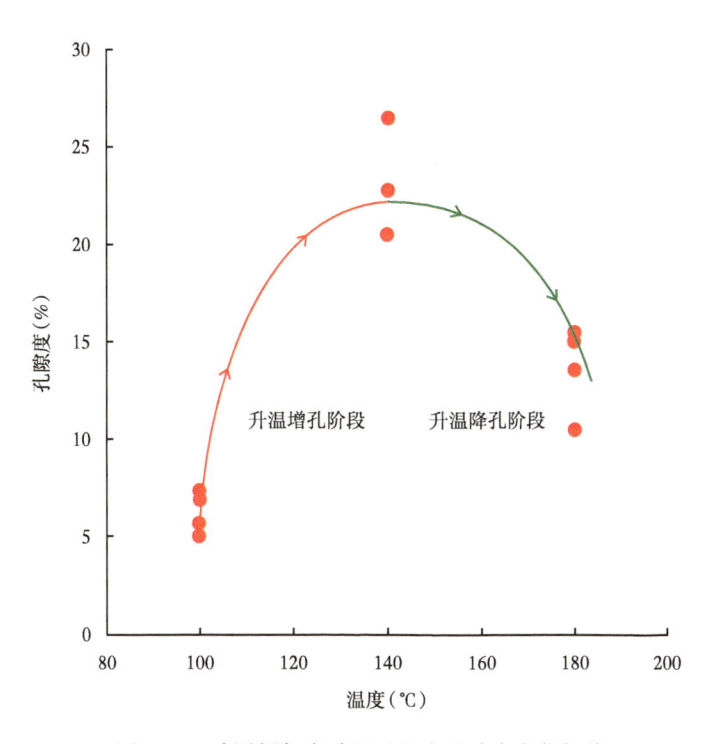

图 5.25 玻屑凝灰岩升温过程中孔隙度变化规律

（3）流体的性质。

酸性（pH=3）环境或碱性（pH=9）环境下均能使玻璃质趋于脱玻化，但样品在酸性环境中的脱玻化作用比在碱性环境中更敏感，实验前后溶液中离子变化特征表明，Ca^{2+}、Mg^{2+}、Fe^{2+} 含量低，Al^{3+}、Na$^+$ 和 Si^{4+} 含量明显增加，其中玻屑凝灰岩数值变化最大，其次为晶屑玻屑凝灰岩，硅化凝灰岩变化最小，这与玻屑凝灰岩物性最好，晶屑玻屑凝灰岩物性中等，硅化凝灰岩物性最差相吻合。其机理为玻屑凝灰岩在水—岩反应过程中，首先发生的反应是重结晶作用，长英质凝灰质形成石英和长石，然后长石与溶液发生水解反应，使凝灰岩中长石发生溶蚀，形成溶蚀孔隙，溶液中 Al^{3+}、Na$^+$ 和 Si^{4+} 含量增加。

$$4NaAlSi_3O_8（钠长石）+ 6H_2O \longrightarrow Al_4(Si_4O_{10})(OH)_8（高岭石）+8SiO_2+4NaOH \quad (5.8)$$

随着反应进一步进行，高岭石向蛋白石（SiO$_2 \cdot n$H$_2$O）转变，因此在凝灰岩中常见硅质条带。

（4）富钾流体影响。

钠长石在富钾流体作用下发生水解，形成伊利石，在钠长石周边发生钾化形成大量次生孔隙。

6 条湖组凝灰岩优质储层预测

致密油一般指储集在覆压基质渗透率小于或等于 0.1mD 的致密砂岩、致密碳酸盐岩等储层中的石油，目前发现三塘湖盆地凝灰岩致密油主要分布于条二段。钻井资料揭示三塘湖盆地马朗凹陷二叠系条湖组分布较广，厚度为 50~400m，平均厚度约为 150m，其底部为厚度约 20m 的凝灰岩。

6.1 凝灰岩脱玻化优势相带分布

马朗凹陷条湖组储层主要由 3 个岩性段组成，条一段和条三段以中基性火山熔岩为主，主要为安山岩和玄武岩（图 6.1a）。条二段以火山碎屑岩为主，包括火山角砾岩、玻屑凝灰岩、晶屑玻屑凝灰岩、凝灰质砂岩和凝灰质泥岩（图 6.1b—f），晶屑以斜长石为主。条二段火山碎屑岩最大的特征是粒度较细（图 6.1b—d），条湖组样品的粒度分析结果表明，81.3% 的样品粒径小于 0.25mm，相当于泥—细砂的粒级；有 57.6% 的样品粒径小于 0.0625mm，相当于粉砂—泥的粒径级别。

图 6.1 马朗凹陷条湖组岩性特征
a. 玄武岩，条 171 井，2128.52m；b. 油浸玻屑凝灰岩，马 56-12H 井，2128.38m；c. 晶屑玻屑凝灰岩，芦 102H 井，2864.67m；d. 晶屑凝灰岩，马 702 井，2389.46m；e. 凝灰质砂岩，马 7 井，1484.15m；f. 凝灰质泥岩，马 7 井，1788.92m

经过扫描电镜分析，结合薄片鉴定资料和岩心观察分析，认为凝灰岩储层物性和储集空间类型、特征和变化主要受火山岩亚相控制。通常火山岩的储集能力要远低于碎屑岩。然而，由于火山岩的成岩作用多以冷凝固结方式为主，相对于沉积岩，火山岩孔隙度受压实埋深影响很小,当埋深大于一定深度时,火山岩的储集能力往往会大于沉积岩而成为主要储层。通常火山岩储层的储集空间也发育原生和次生孔隙,研究区原生裂缝(冷凝收缩缝、收缩节理缝、破裂缝)对岩石的主要贡献是对储集空间连通性的影响,但原生裂缝的数量较少,大量火山岩裂缝是经过成岩后生作用改造过的。次生裂缝分布广,是主要的裂缝类型,其发育程度总体上决定了储层物性的好坏。主要类型有构造裂缝、风化裂缝,以及角砾、蚀变斑晶和杏仁体收缩裂缝等,角砾、蚀变斑晶和杏仁体边缘部位裂缝往往最发育。收缩裂缝形状有同心圆状、放射状、弧形和网状等。次生裂缝多呈组合出现,如杏仁孔孔内收缩缝与溶蚀缝、溶蚀孔连通,形成网状,有利于油气的运移与输导。马朗凹陷条湖组火山岩储层中普遍发育次生孔隙(图6.2),主要包括斑晶溶蚀孔、基质溶蚀孔、粒内溶孔、脱玻化溶蚀孔、杏仁体溶蚀孔、蚀变物溶蚀孔、孔隙充填再溶孔和交代物溶蚀孔隙等,尤其以微孔最为发育(图6.2b、c、e),其孔喉半径较小,孔喉半径一般小于1μm的纳米级孔喉(图6.2e),微孔主要以基质微孔、脱玻化晶间微孔、溶蚀微孔和微裂缝为主。

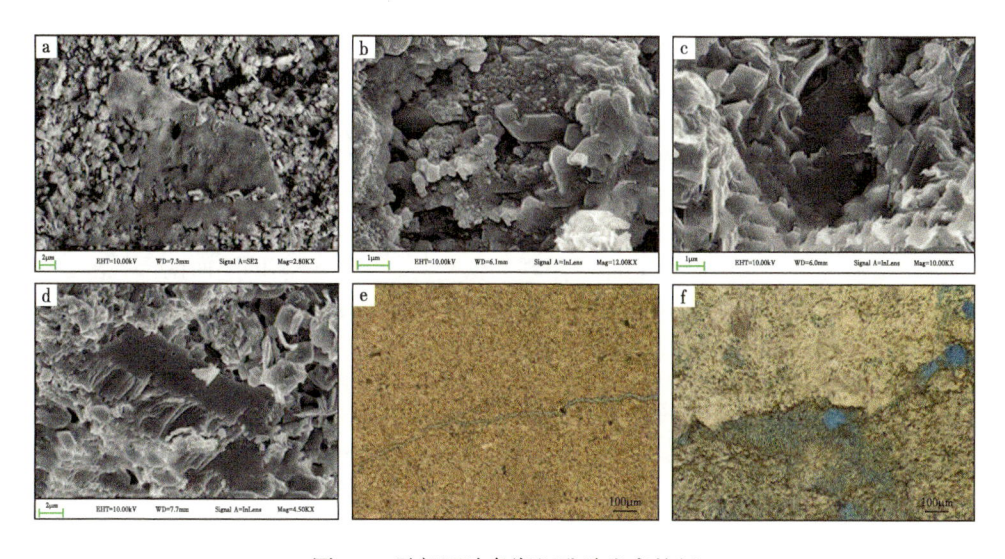

图6.2 马朗凹陷条湖组孔隙发育特征

a. 玻屑局部发生脱玻化,向硅质转化,并形成脱玻化微孔,马56-133H井,2650.56m;b. 脱玻化的钠长石,形成脱玻化孔,马56井,2142.90m;c. 玻屑向黏土矿物、长石转化,并形成脱玻化孔,马56-15H井,2247.50m;d. 长柱状钠长石边缘向黏土矿物转化,并充填了脱玻化孔,导致孔隙度下降,马7井,1887.18m;e. 裂隙孔隙,马7井,1887.18m;f. 玻屑凝灰岩发生脱玻化作用,玻璃质变为霏细结构,体积缩小,形成微孔隙,局部微孔隙十分发育,马56-15H井,2266.83m

条湖组主要岩性孔渗特征统计结果表明(表6.1),渗透率分布在0.069~3.618mD之间,孔隙度分布在1.86%~23.79%之间。渗透率小于1mD的样品占84.84%。条湖组大部分火山岩属于致密储层。条湖组岩性和岩相对火山岩储层的物性具有明显的控制作用,玻屑凝灰岩的物性最好,晶屑玻屑凝灰岩的物性次之,火山熔岩最差(表6.1)。本节将三塘湖盆地条湖组储层分为4类:(1)Ⅰ类储层的孔隙度大于或等于9%,孔隙流体服从达西定律,属于低致密储层;(2)Ⅱ类储层的孔隙度介于7%~9%,属于低致密储层;(3)Ⅲ类储层的孔隙度在4%~7%之间,属于高致密储层;(4)Ⅳ类储层的孔隙度小于4%,属于差储层。根据这一储层物性划分标准,条湖组角砾岩和玻屑凝灰岩属于Ⅰ类储层,晶屑玻屑凝灰岩属于Ⅱ类储层,火山碎屑沉积岩属于Ⅲ类储层,火山熔岩整体上属于Ⅳ类储层(表6.1)。

表 6.1 条湖组储层分类

岩相类型	孔隙度（%）	渗透率（mD）	储层物性分类
玻屑凝灰岩	5.23~23.79/10.03	0.087~3.618	Ⅰ类
晶屑玻屑凝灰岩	5.10~19.64/8.34	0.069~0.710	Ⅱ类
火山碎屑沉积岩	2.32~12.38/6.56	0.476~0.821	Ⅲ类
火山熔岩	1.86~9.36/4.29	0.124~1.930	Ⅳ类

注：表中数据格式为最小值~最大值/平均值。

6.2 凝灰岩孔隙平面分布规律

上述分析表明研究区条湖组凝灰岩对孔隙贡献较大的主要是脱玻化过程中的溶蚀孔，包括粒间孔和粒内孔，统计研究区条湖组凝灰岩各井位的孔隙度多分布在 5.1%~19.64% 之间。例如马 55 井、马 56 井和马 56-15H 井的平均孔隙度均在 18% 以上，结合前文岩相分布规律发现（图 2.19），该区域主要为玻屑凝灰岩和晶屑玻屑凝灰岩分布，中酸性凝灰质分布广泛；而马 12 井、芦 1 井和芦 2 井的平均孔隙度均低于 10%，该区域陆源泥质输入较多，多发育泥质凝灰岩，孔隙度低于玻屑凝灰岩、晶屑玻屑凝灰岩分布区。整体看来，研究区条湖组凝灰岩具有中高孔低渗的微孔隙特征。

结合孔隙度实测数据，从平面上看，以马 56 井、马 55 井和马 7 井所在地为中心，孔隙度向马朗凹陷西南、东南及西北部均呈现降低趋势，其中马朗凹陷西南部孔隙度相对最低，均小于 10%，在马朗凹陷西南边缘，由于分布火山角砾岩，孔隙度有所增高，孔隙度平面分布整体呈现"双峰"特征，具体特性如图 6.3 所示。

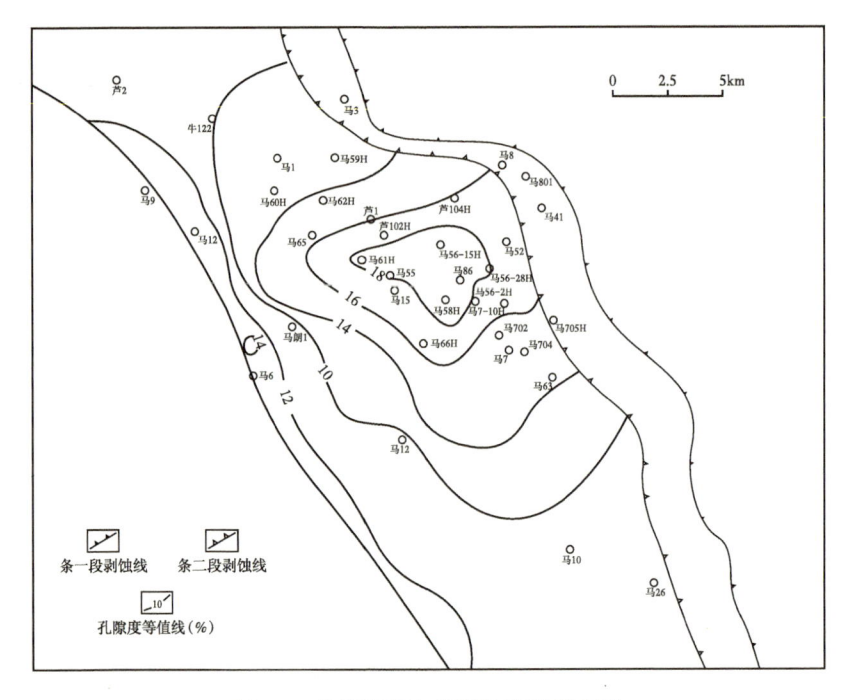

图 6.3 条湖组凝灰岩孔隙度等值线图

6.3 凝灰岩储层形成特征及优质储层预测

6.3.1 凝灰岩致密储层形成条件

凝灰岩属于过渡型火山碎屑岩类，火山碎屑含量占绝对优势，体积分数大于90%（贾承造等，2012）。凝灰岩常与正常火山碎屑岩和沉积岩共生，具有一定的沉积特征，与砂岩、碳酸盐岩等在成因方面差异较大，其储集性能的好坏主要受控于沉积环境、成岩作用等。

（1）沉积方式、物质成分及碎屑组成是形成优质凝灰岩储层的关键因素。

马朗凹陷条二段属于中基性—中酸性火山喷发旋回末期的产物，中酸性火山喷发形成的贫铁和镁而富硅、钾、钠的火山玻璃及长石和石英晶屑等细粒火山灰物质，对优质凝灰岩致密储层的形成极其关键。一方面，细粒凝灰质质点爆发后直接空降并飘落至水下沉积，可免遭风化搬运过程中成分的流失与泥化，同时不被水体影响而能富集起来，形成较纯的凝灰岩；另一方面，富硅、钾、钠的火山玻璃及长石和石英晶屑为凝灰岩储层发达的孔隙结构奠定了物质基础。条湖组凝灰岩致密储层长石和石英含量高达90%，石英为刚性成分，随其含量增加，岩石的抗压能力增强，颗粒间孔隙保存概率增大。长英质的火山玻璃在后期的脱玻化过程中有利于石英的转化，可使石英微晶间的晶间孔增加，而且长石的存在有利于颗粒溶蚀微孔、微洞的形成（马剑等，2015）。

（2）陆源输入少、水动力弱的浅湖—半深湖斜坡区是凝灰岩储层发育的有利场所。

条湖组凝灰岩储层的粒度极细，以粉砂—泥级为主，在有陆源输入或水动力较强的滨湖地带，凝灰质不易集中保存，不利于形成稳定、连续分布的储层。目前发现的有利凝灰岩储层其岩心发育纹层状、波状层理或不明显正粒序层理，说明其形成时水动力较弱；从其有机质泥纹发育、生物碎屑常见及沉积时水动力较弱可以看出，其形成的沉积环境为浅湖—半深湖斜坡区。同时，陆源物质对凝灰岩储层的物性也有较大的负面影响，伴随陆源碎屑特别是泥质含量的增加，储层物性变差。研究区马1井等北部滨浅湖地带及马6井等南部陡坡地带由于受水动力干扰强，火山灰分散沉积，不易保存，储层以过渡相粗粒碎屑岩沉积为主，陆源碎屑和黏土矿物含量占主导地位；处于深湖区的芦1和芦2等井区黏土矿物含量高，中酸性凝灰质所占比例较低。岩心分析显示，凝灰质砂岩、泥质凝灰岩和凝灰质泥岩储层物性均较差，只见油气显示而不含油，试油多为干层。

（3）脱玻化和溶蚀作用是凝灰岩储层微孔、微洞及微缝发育的主控因素。

凝灰岩由火山灰经固结、压实作用而形成，火山玻璃是岩浆在快速冷却及黏度增大的条件下形成的极不稳定的混合组分，其成分主要为硅酸盐。在埋藏过程中，火山玻璃随着时间、温度、压力及外部环境的变化会发生强烈的脱玻化作用，导致成分分异和晶体析出。当有水介质存在时，一部分组分随孔隙水流失，剩余组分发生重组并重结晶或转化为微晶。研究区的火山玻璃呈中酸性，长英质含量高，经脱玻化作用常形成碱性长石（钾长石、钠长石）、石英微晶及少量绿泥石黏土矿物，同时其体积缩小，形成大量的微孔隙，即脱玻化孔，且伴随其体积的缩小，也会形成大量微裂缝；烃源岩在热演化过程中释放的有机酸可对凝灰质质点、玻屑、长石质晶屑及早期脱玻化形成的长石进行溶蚀，并形成次生溶蚀孔隙。由于凝灰质组分颗粒微小，因此形成的孔隙一般为溶蚀微孔，当较大的质点溶蚀后可形成溶蚀微洞。

（4）脆性组分含量高，岩石脆性强，有利于裂缝发育。

石英和方解石是脆性矿物，长石在一定程度上也具有较高的脆性，而致密油储层长石与石英含量高达90%，其脆性矿物含量相当高，具较好的脆性特征。岩心观察发现，马56井、马56-12H井和马56-15H井岩心裂缝较发育。因此，可以推断在断裂带附近或局部构造变形区凝灰岩储层应发育一定规模的裂缝。

（5）储层含有机质，微孔发育，黏土吸附水少，促成高含油饱和度。

条二段致密油储层有机泥纹及吸附的有机质较发育，致密油储层之上深灰色泥质烃源岩发育，致密油储层之下的条一段在凹陷区深灰色泥质烃源岩也发育，条湖组之下又发育芦草沟组主力烃源岩，因此致密油储层油源条件好。目前条湖组烃源岩热演化处于低成熟—成熟期，芦草沟组烃源岩处于热演化成熟期—高成熟期，油源充足。凝灰岩储层黏土含量极低，并以绿泥石为主，而绿泥石具亲油特征，因此储层吸附水含量较低，水膜较少或薄，有利于油在其储集空间内流动，同时较低的含油饱和度可使储层由亲水变为亲油，大大降低石油充注运移的能力，因此，在原油充足的条件下往往形成高含油饱和度的致密油层。

6.3.2 凝灰岩优质储层发育规律及预测

在成岩方面，条二段火山碎屑岩储层粒度细，目前处于早成岩阶段B期—中成岩阶段A₂亚期，主要为原生型致密储层，发育部分次生孔隙，属于以原生孔隙为主的混合型致密储层。为了更好地研究岩性和埋藏成岩作用对储层物性的综合影响，本节统计了三塘湖盆地马朗凹陷条湖组不同成岩阶段所对应深度段各种岩性的孔隙度（表6.2）。由表6.2可以看出，岩性对火山岩储层的物性具有明显的控制作用，例如，同处于中成岩阶段A亚期的储层，玻屑凝灰岩、晶屑玻屑凝灰岩、凝灰质砂岩和火山熔岩的平均孔隙度依次为10.03%、8.34%、6.56%和4.29%，由最初的Ⅰ类储层经Ⅱ类储层变为Ⅲ类储层，成岩作用对储层物性具有显著的控制作用，随埋藏深度的增加和成岩作用的增强，储层的物性变差。各种岩相的储层处于不同的埋藏深度段和成岩阶段，就构成了不同类型（Ⅰ、Ⅱ、Ⅲ和Ⅳ类）的火山岩储层，马朗凹陷条湖组储层的物性是岩相和地史时期各种成岩作用综合影响的结果。

表6.2 成岩作用对条湖组储层综合影响分类

成岩阶段	岩相	孔隙度（%）	物性分类代号	储层分类
中成岩阶段 A_2^1 亚期	玻屑凝灰岩	5.23~23.79/10.03	Ⅰ类	低致密储层
中成岩阶段 A_2^2 亚期	晶屑玻屑凝灰岩	5.10~19.64/8.34	Ⅱ类	低致密储层
早成岩阶段 B 期	火山碎屑沉积岩	2.32~12.38/6.56	Ⅲ类	高致密储层
	火山熔岩	1.86~9.36/4.29	Ⅳ类	差储层

注：表中数据格式为最小值~最大值/平均值。

6 条湖组凝灰岩优质储层预测

通过叠合条二段岩相分布图和成岩阶段预测图，预测了条二段储层类型和质量在平面上的分布（图6.4）。由图6.3和表6.2可以看出，Ⅰ类储层包括目前处于早成岩阶段B期的火山碎屑沉积岩和处于中成岩阶段A亚期—中成岩阶段A_2^1的玻屑凝灰岩与凝灰质砂岩。这些储层主要分布在马朗凹陷条二段南部和中部地区，属于低致密储层，孔隙度大于或等于9%。在这一地区的勘探，应以寻找有效圈闭为主。Ⅱ类储层分布在马朗凹陷埋深相对较大的中部地区，但其孔隙度介于7%~9%，属于低致密储层，由处于早成岩阶段B期的火山熔岩、中成岩阶段A_2^1亚期的晶屑玻屑凝灰岩或凝灰质砂岩和处于中成岩阶段A_2^2的晶屑玻屑沉凝灰岩组成。Ⅲ类储层主要分布在马朗凹陷北部和中部埋深较大的地区，由处于中成岩阶段A亚期—中成岩阶段A_2^2的火山熔岩和处于中成岩阶段A_2^2的火山碎屑沉积岩组成，其孔隙度为4%~7%，属于高致密储层。在Ⅱ、Ⅲ类储层分布区，油气的聚集不受圈闭的控制，致密油呈连续型分布，勘探应遵循以储层和烃源岩为中心的勘探理念。Ⅳ类储层仅分布在条湖凹陷的最北端，条二段不仅成岩作用强（中成岩阶段A_2^2），而且岩性差（火山熔岩），目前尚未发现工业油流和低产油流。

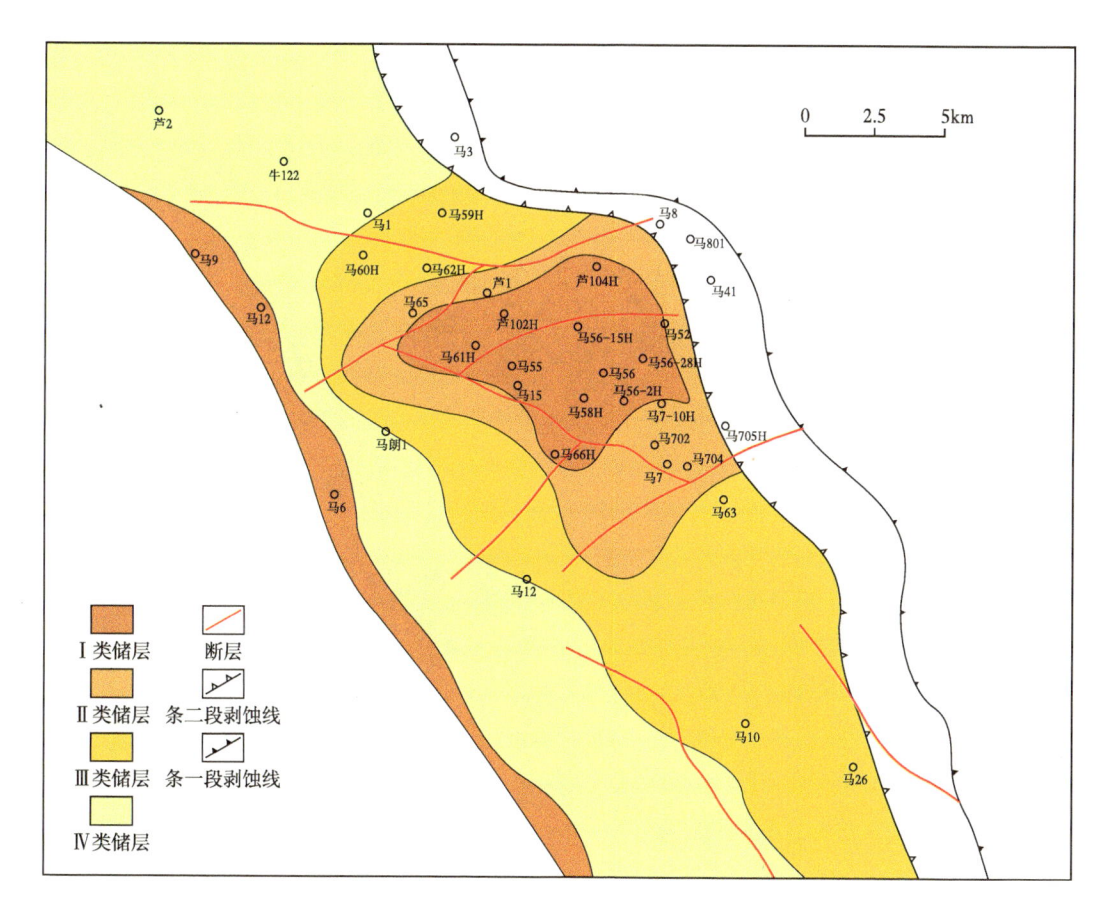

图6.4 马朗凹陷条二段储层类型及质量预测

从上述分析可以看出，物性、沉积环境等控制了凝灰岩储层的分布，脱玻化作用则大大改善了凝灰岩的储集性能。条二段沉积期，马朗凹陷北部斜坡区属于静水、浅湖—半深湖沉积环境，仅西北部马1井受到了陆源水动力的影响；北斜坡火山机构较多，围绕火山机构形成了芦1、马56和马7等火山洼地及多条沟通芦草沟组主力烃源岩的油源断裂，是优质凝灰岩致密储层发育的有利场所，已钻探的芦101H、芦104H和马56等井均获得了高产油流。按照相控思路和脱玻化成孔机制，认为芦1东、芦104H南和马7北等区块增储上产潜力均较大，是下一步开展致密油勘探的有利目标。

7 结 论

（1）马朗凹陷条湖组凝灰岩据岩心及镜下薄片观察，可进一步细分为玻屑凝灰岩、晶屑玻屑凝灰岩、泥质凝灰岩、硅化凝灰岩和含硅藻凝灰岩，含硅藻凝灰岩局部层状硅藻密集，成分以隐晶质 SiO_2 为主，为研究区较为特殊的一种岩石类型。不同类型凝灰岩分布受到火山活动带控制，一般距离火山口越近，晶屑含量越高，则形成晶屑玻屑凝灰岩；距离火山口越远，玻屑含量越高，从而形成玻屑凝灰岩。随着远离火山活动带，火山灰供给不足，泥质含量增加，形成泥质凝灰岩。

（2）条湖组凝灰岩的晶屑矿物组成主要为钠长石，少见辉石、橄榄石等暗色矿物，玻屑成分主要为长英质矿物，反映出凝灰岩具有酸性火山岩的特征。

（3）条湖组沉积期，由于受印支运动影响，三塘湖盆地发育一套富火山岩湖泊沉积建造，条湖组凝灰岩是火山灰直接降落到湖盆中形成的，火山活动带是凝灰岩的物质来源，不同类型凝灰岩的形成与其距离火山活动带的远近直接相关，在综合分析基础上编制了条湖组平面岩相分布图。

（4）条湖组凝灰岩孔隙发育矿物粒间孔、矿物粒内孔、有机质孔和裂缝。其中，矿物粒间孔和粒内孔多为脱玻化作用导致，为主要的孔隙类型，是优质的储层空间，高角度裂缝也成为油气运移通道。条湖组凝灰岩整体具有中高孔低渗特征，凝灰岩孔隙度和渗透率具有一定的正相关关系。孔隙以纳米—微米级为主，数量巨大，孔隙度主要分布在1.86%~23.79% 之间；渗透率主要分布在 0.069~3.618mD 之间。其中，玻屑凝灰岩物性最好，晶屑玻屑凝灰岩次之，硅化凝灰岩物性相对较差。

（5）条湖组储层经历了压实、胶结、脱玻化、矿物转化和溶蚀等多种成岩作用，主要受脱玻化作用、溶蚀作用和构造作用影响。成岩阶段可划分为同生成岩阶段、早成岩阶段 A 期、B 期及中成岩阶段 A 期。在不同的成岩演化阶段，储层物性发生了相应的变化。

（6）通过凝灰岩水—岩反应模拟实验，凝灰岩在酸性和碱性条件下均发生脱玻化，以玻屑凝灰岩孔隙度和渗透率变化最大，其次为晶屑玻屑凝灰岩，泥质凝灰岩和硅化凝灰岩实验前后孔隙度变化较小。

（7）在水—岩模拟实验和反应前后溶液地球化学分析的基础上，条湖组凝灰岩在流体作用下，主要发生 6 种类型水—岩反应。脱玻化作用机理主要包括新矿物形成、交代作用和溶解作用。

（8）脱玻化主要受温度、凝灰岩化学组成、流体的性质和 K^+ 等因素控制。在 100℃、140℃ 和 180℃ 的温度及 3MPa 的压力条件下进行，实验后的玻屑凝灰岩表现出在 140℃条件下孔隙度增加最大，孔隙度增加最大值为 16.31%，当温度超过 140℃ 后，孔隙度逐渐降低。孔隙度变化呈现出升温增孔和升温降孔两个阶段。

（9）在条湖组岩相、孔隙平面分布规律及脱玻化成孔机制综合分析的基础上，将马朗凹陷条二段储层划分为Ⅰ类、Ⅱ类、Ⅲ类和Ⅳ类储层，Ⅰ类储层岩性主要为玻屑凝灰岩与凝灰质砂岩，主要分布在马朗凹陷条二段中部和南部地区。Ⅱ类储层分布在马朗凹陷埋深相对较大的中部地区，岩性为晶屑玻屑凝灰岩。Ⅲ类储层主要分布在马朗凹陷北部和中部埋深较大的地区，岩性为火山熔岩和火山碎屑沉积岩，属于高致密储层。Ⅳ类储层仅分布在条湖凹陷的最北端，条二段不仅成岩作用强，而且岩性差（火山熔岩），目前尚未发现工业油流和低产油流。

（10）物性和沉积环境等控制了凝灰岩储层的分布，脱玻化作用则大大改善了凝灰岩的储集性能。条二段沉积期，马朗凹陷北部斜坡区属于静水、浅湖—半深湖沉积环境，仅西北部马1井受到了陆源水动力的影响；北斜坡火山机构较多，围绕火山机构形成了芦1、马56和马7等火山洼地及多条沟通芦草沟组主力烃源岩的油源断裂，是优质凝灰岩致密储层发育的有利场所，已钻探的芦101H、芦104H和马56等井均获得了高产油流。按照相控思路和脱玻化成孔机制，认为芦1东、芦104H南和马7北等区块增储上产潜力均较大，是下一步开展致密油勘探的有利目标。

参考文献

曹高社, 余爽杰, 孙风余, 等. 2019. 豫西宜阳地区三叠纪早期孙家沟组上段湖相碳酸盐岩碳氧同位素和古环境分析[J]. 地质学报, 93 (5): 1137-1153.

常秋红, 朱光有, 阮壮, 等. 2021. 碳酸盐岩—膏盐岩组合水—岩反应热力学和动力学模型及其在塔北地区寒武系储层的应用[J]. 天然气地球科学, 32 (10): 1474-1488.

陈锦石, 陈文正. 1983. 碳同位素地质学概论[M]. 北京: 地质出版社, 25-40.

地球科学大辞典编委会. 2006. 地球科学大辞典[M]. 北京: 地质出版社.

郭福生, 彭花明, 潘家永, 等. 2003. 浙江江山寒武系碳酸盐岩碳氧同位素特征及其古环境意义探讨[J]. 地层学杂志, 27 (4): 289-297.

郝建荣, 周鼎武, 柳益群, 等. 2006. 新疆三塘湖盆地二叠纪火山岩岩石地球化学及其构造环境分析[J]. 岩石学报, 22 (1): 189-198.

郝松立, 李文厚, 刘建平, 等. 2011. 鄂尔多斯南缘奥陶系生物礁相碳酸盐岩碳氧同位素地球化学特征[J]. 地质科技情报, 30 (2): 52-56.

黄子晗, 鹿化煜, 梁承弘, 等. 2022. 渭河盆地河湖沉积碳酸盐及其碳氧同位素记录的上新世东亚季风气候变化[J]. 第四纪研究, 42 (6): 1475-1488.

贾承造, 邹才能, 李建忠, 等. 2012. 中国致密油评价标准、主要类型、基本特征及资源前景[J]. 石油学报, 33 (3): 343-350.

李承泽, 陈国俊, 田兵, 等. 2022. 珠江口盆地深层高温高压下的水岩作用[J]. 岩性油气藏, 34 (4): 141-149.

李守义. 1994. 辽吉古裂谷中的双峰式火山岩及岩浆演化[J]. 长春地质学院学报, (2): 143-147.

李哲萱. 2020. 新疆北东部地区中二叠统芦草沟组喷积岩特征及其形成构造背景探索[D]. 西安: 西北大学.

梁浩, 李新宁, 马强, 等. 2014. 三塘湖盆地条湖组致密油地质特征及勘探潜力[J]. 石油勘探与开发, 41 (5): 563-572.

梁俊红, 孙宝亮, 尹国英. 2022. 中国湖相碳酸盐岩碳氧同位素时空特征及其古湖泊学意义[J]. 地质找矿论丛, 37 (4): 469-483.

刘安, 陈林, 陈孝红, 等. 2021. 湘中坳陷泥盆系碳氧同位素特征及其古环境意义[J]. 地球科学, 46 (4): 1269-1281.

刘传联, 赵泉鸿, 汪品先. 2001. 湖相碳酸盐氧碳同位素的相关性与生油古湖泊类型[J]. 地球化学, 30 (4): 363-367.

刘学锋, 刘绍平, 刘成鑫, 等. 2002. 三塘湖盆地构造演化与原型盆地类型[J]. 西南石油学院学报, 24 (4): 13-17.

刘雅利, 刘鹏. 2017. 水体环境对咸化湖盆沉积物分布的定量控制: 以渤南洼陷沙四上亚段为例[J]. 中南大学学报 (自然科学版), 48 (1): 239-246.

Maitre R W Le, 骆祥君. 1985. 国际地质科学联合会的火山岩分类: 国际地科联火成岩分类委员会关于根据全碱二氧化硅 (TAS) 图解对火山岩进行化学分类的建议[J]. 地质地球化学, 8: 38-42.

马剑, 黄志龙, 高潇玉, 等. 2015. 新疆三塘湖盆地马朗凹陷条湖组凝灰岩油藏油源分析[J]. 现代地质, 29 (6): 1435-1443.

马剑. 2016. 马朗凹陷条湖组含沉积有机质凝灰岩致密油成储—成藏机理[D]. 北京: 中国石油大学 (北京).

马剑, 黄志龙, 钟大康, 等. 2016. 三塘湖盆地马朗凹陷二叠系条湖组凝灰岩致密储集层形成与分布[J]. 石油勘探与开发, 43 (5): 714-722.

孟元林, 丁桂霞, 吴河勇, 等. 2011. 松辽盆地北部泉三、四段异常高孔隙带预测[J]. 中国石油大学学报 (自然科学版），35（4）：8-13.

孟元林，胡安文，乔德武，等. 2012. 松辽盆地徐家围子断陷深层区域成岩规律和成岩作用对致密储层含气性的控制[J]. 地质学报，86（2）：325-334.

南云. 2018. 新疆北东部三塘湖地区晚石炭世—二叠纪岩浆活动及成盆构造背景研究[D]. 西安：西北大学.

聂保锋. 2009. 新疆三塘湖和塔里木含油气盆地晚古生代岩浆活动及其储层地质意义[D]. 北京：中国地质大学（北京）.

牛君，黄文辉，丁文龙，等. 2017. 麦盖提斜坡奥陶系碳酸盐岩碳氧同位素特征及其意义[J]. 吉林大学学报（地球科学版），47（1）：61-73.

任影，钟大康，高崇龙，等. 2016. 四川盆地东部下寒武统龙王庙组碳、氧同位素组成及古环境意义[J]. 海相油气地质，21（4）：11-20.

苏玲，朱如凯，崔景伟，等. 2017. 中国湖相碳酸盐岩时空分布与碳氧同位素特征[J]. 古地理学报，19（6）：1063-1074.

孙风华，陈祥，王振平. 2004. 泌阳凹陷安棚深层系成岩作用与成岩阶段划分[J]. 西安石油大学学报（自然科学版），19（1）：24-27.

腾格尔，刘文汇，徐永昌，等. 2005. 相对海平面变化对烃源岩发育的影响：以鄂尔多斯盆地为例[J]. 天然气工业，25（5）：9-13.

汪双双. 2013. 新疆三塘湖地区中二叠世岩浆活动与成盆动力学背景示踪[D]. 西安：西北大学.

王春林，李小军. 2020. 滇东南晚寒武世—早奥陶世唐家坝组—博莱田组碳酸盐岩碳氧同位素特征及意义[J]. 四川地质学报，40（4）：680-685.

王玉玺，郭鹏飞，王晓伟，等. 2013. 双峰式火山岩组合探视构造—岩浆演化：来自博格达构造带双峰式火山岩的启示[J]. 甘肃地质，22（4）：28-36.

蒠克来，操应长，杨春宇，等. 2012. 廊固凹陷沙四段储层成岩作用与成岩阶段划分[J]. 断块油气田，19（5）：583-587.

肖序常，汤耀庆，冯益民，等. 1992. 新疆北部及邻区大地构造[M]. 北京：地质出版社，1-40.

谢云喜，勾永东. 2002. 冈底斯岩浆弧中段古近纪"双峰式"火山岩的地质特征及其构造意义[J]. 沉积与特提斯地质，22（2）：99-102.

邢秀娟. 2004. 新疆三塘湖盆地二叠纪火山岩研究[D]. 西安：西北大学.

严兆彬，郭福生，潘家永，等. 2005. 碳酸盐岩C，O，Sr同位素组成在古气候、古海洋环境研究中的应用[J]. 地质找矿论丛，（1）：53-56，65.

杨献忠. 1993. 酸性火山玻璃的脱玻化作用[J]. 资源调查与环境，14（2）：74-80.

伊海生，林金辉，周恳恳，等. 2007. 青藏高原北部新生代湖相碳酸盐岩碳氧同位素特征及古环境意义[J]. 古地理学报，9（3）：303-312.

尤继元. 2011. 三塘湖盆地中二叠世沉积相及沉积环境研究[D]. 西安：西北大学.

袁明生，张映红，韩宝福，等. 2002. 三塘湖盆地火山岩地球化学特征及晚古生代大地构造环境[J]. 石油勘探与开发，29（6）：32-34.

赵海玲，黄微，王成，等. 2009. 火山岩中脱玻化孔及其对储层的贡献[J]. 石油与天然气地质，30（1）：47-52.

赵泽辉，郭召杰，张臣，等. 2003. 新疆东部三塘湖盆地构造演化及其石油地质意义[J]. 北京大学学报（自然科学版），39（2）：219-228.

邹才能，董大忠，王社教，等. 2010. 中国页岩气形成机理、地质特征及资源潜力[J]. 石油勘探与开发，37（6）：641-653.

Aradóttir E S P. 2013. Dynamics of basaltic glass dissolution: capturing microscopic effects in continuum scale models[J]. Geochimica et Cosmochimica Acta, 121（3）：311-327.

Chen Xuan, Liu Xiaoqi, Wang Xuechun, et al. 2019.Formation mechanism and distribution characteristics of Lucaogou shale oil reservoir in Santanghu Basin[J].Natural Gas Geoscience, 30（8）: 1180-1189.

Delmelle P, Lambert M, Dufrene Y.2007. Gas/aerosol-ash interaction in volcanic plumes: new insights from surface analyses of fine ash particles[J].Earth and Planetary Science Letters, 259: 159-170.

Demaison G J, Moore G T. 1980. Anoxic environments and oil source bed genesis[J].Organic Geochemistry, 2: 9-31.

Epstein S, Mayeda T.1953.Variation of O^{18} content of waters from natural sources[J].Geochimica et Cosmochimica Acta, 4（5）: 213-224.

Graciansky P C, Deroo G, Herbin J P.1984.Ocean-wide stagnation episode in the late Cretaceous[J].Nature, 22: 346-349.

Huang Zhilong, Guo Xiaobo, Liu Bo, et al. 2012.The reservoir space characteristics and origins of Lucaogou Formation source rock oil in the Malang San[J].Acta Sedimentologica Sinica, 30（6）: 1115-1122.

Kerth M L, Weber J N. 1964. Isotopic composition and environmental classification of selected limestones and fossils[J].Geochimica et Cosmochimica Acta, 23: 1786-1816.

Langmann B, Zaksek K, Hort M.2010.Volcanic ash as fertiliser for the surface ocean[J].Atmospheric Chemistry Physics, 10: 3891-3899.

Liang Shijun, Luo Quansheng, Wang Rui, et al. 2019.Geoligical characteristics and exploration practice of unconventional Permian oil resources in the Santanghu Basin[J].China Petroleum Exploration, 24（5）: 624-635.

Liang Shijun.2020.Achievements and potential of petroleum exploration in Tuha oil and gas province[J].Xinjiang Petroleum Geology, 41（6）: 631-641.

Lin I I, Hu C M, Li Y H. 2011. Fertilization potential of volcanic dust in the Low-nutrient Low-chlorophyll western North Pacific subtropical gyre: satellite evidence and laboratory study[J].Global Biogeochemistry Cycles, 25: 1-12.

Loucks R G, Reed R M, Ruppel S C. 2012. Spectrum of pore types and networks in mudrocks and a descriptive classification for matrix-related mudrock pores[J].AAPG Bulletin, 96: 1071-1098.

MacGowan D B, Surdam R C.1988. Difunctional carboxylic acid anions in oil field waters[J].Organic Geochemistry, 12（3）: 245-259.

Meshiri I D. 1986. On the reactivity of carbonic and organic acids and generation of secondary porosity[J].The Society of Economic Paleontologists and Mineralogists, 28: 123-128.

Stein R.1986. Organic carbon and sedimentation rate: further evidence for anoxic deep-water conditions in the Cenomanian/Turonian Atlantic Ocean[J].Marine Geology, 72, 199-209.

Stein R. 1990. Organic carbon content/sedimentation rate relationship and its paleoenvironmental significance for marine sediments[J].Geo-Marine Letters, 10: 37-44.

Talbot M R.1990. A review of the palaeohydrological interpretation of carbon and oxygen isotopic ratios in primary lacustrine carbonates[J].Chemical Geology Isotope Geoscience, 80（4）: 261-279.